マンガでわかる犬のきもち

影山直美×今泉忠明

大泉書店

はじめに

この本は、犬を愛する3家族の犬との生活をのぞき見し、
犬の心理について科学的に解説するものである。

佐々木家

マチコ

犬を愛する主婦。
コタロウのよき母、
よき理解者。

コタロウ

柴犬の男の子。
天真爛漫で
人懐こいが
こだわり屋の
一面も。

カズオ

サラリーマン。
犬と海で
たわむれるのが
幼少時からの
夢だった。

山城家

スミレ

タダシの妻。
いつも笑顔の
おばあちゃん。
タダシとモコを
温かく見守る。

モコ

トイ・プードルの
女の子。近所の
オス犬にモテモテ。
かわいく賢い
才色兼備。

タダシ

頑固で
昔気質だが
モコにはメロメロ。
犬を飼うのは
初めて。

小林家

レオン

ラブラドール・
レトリーバーの男の子。
賢く穏やかな平和主義者。
ヒロトは弟扱い。

ユキオ

小林家のパパ。
大らかな性格&体型。
アウトドア好きで犬好き。

ユカ

高校生の娘。
思春期ならではの
冷めた部分もあるが
レオンのことは
愛している。

ヒロト

小学生の息子。
レオンとは兄弟の
ように育つ。

ハナコ

小林家のママ。
料理好き。犬を
飼うのは初めてで
レオンに
ふりまわされがち。

もくじ

PART 1 犬ってふしぎ

PART 2

うちの子はおバカ？

PART 3

犬ってすごい！

PART 4
飼い主は困ってます

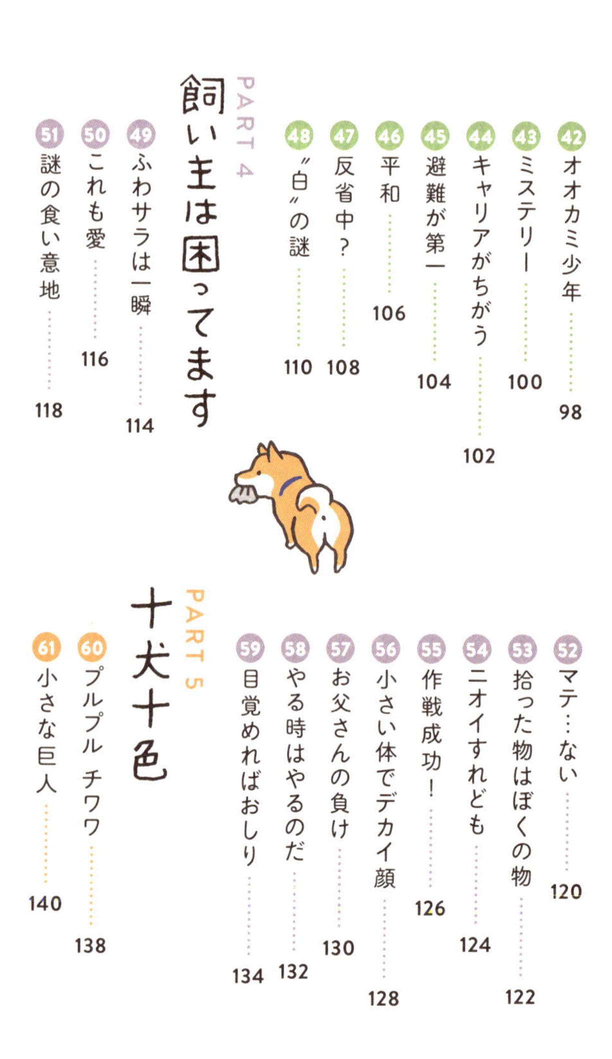

PART 5
十犬十色

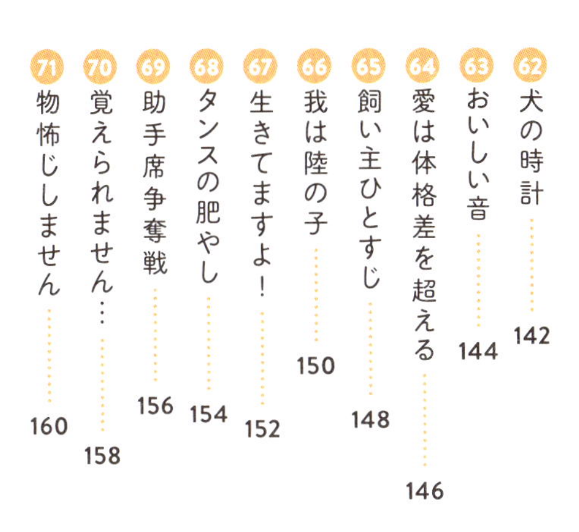

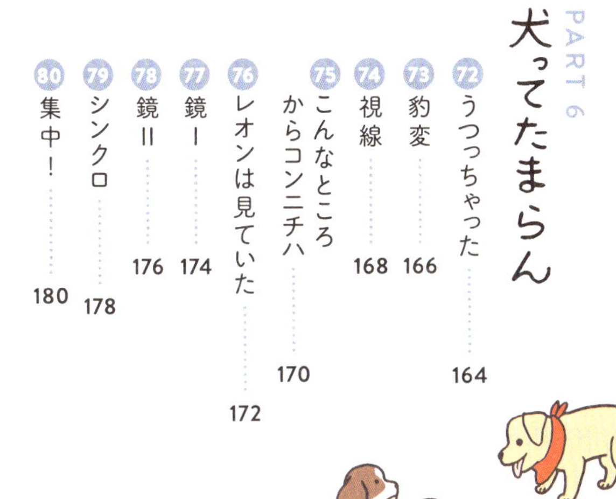

PART 6 犬ってたまらん

コラムでわかる犬のからだ

PART 1

犬ってふしぎ

01 足上げの謎

オス犬は片足を上げてオシッコをしますが、メス犬はあまりしません。それは、オスのほうがなわばり意識が強いせい。いわゆるマーキングで、**「ココはオレ様の場所だ！」と主張するためには、より高い場所にオシッコをかけたほうが効果的だから**です。ほかに、オス犬のペニスは前向きについているため、そのまま排尿すると胴体にオシッコがかかってしまい不衛生だからという理由もあるといわれます。

高い場所にオシッコをかけようとして、勢いあまって逆立ちしている犬もときどき見かけます。**なかには逆立ちしながら前足だけで歩き、その間オシッコを振りまいている犬もいる**から驚きです。片足だけ上げているときは体をひねっているのでオシッコが自分の体にかかりませんが、逆立ちだと逆に体にオシッコがかかってしまいがちで、衛生的とはいえません。「多少汚くなってもいいから自分を主張したい！」という強い気持ちの表れでしょうか。

オシッコは単なる排泄物じゃなく
自分を主張するツールなんだ

02 おしりが気になる

あっ
こんにちはー
こんにちは
いいお天気ですね
くん
くん
くん
くん
くん
くん
コタロウ今日はしつこいな…
くん
くん
くん

警察犬の活躍などからもわかるように、犬の嗅覚はとても優れています。その鋭さは人間の100万倍以上ともいわれ、人間の一卵性双生児をも嗅ぎ分けられるほど。ですから、**相手を認識したり判別したりするのも〝におい〟が一番の情報源**です。

犬の体のなかでにおいが強いのは顔とおしりで、特に肛門周りはその犬特有のにおいがする部分。おしりを相手に嗅がせることは「ぼくはこういう者です」と自己紹介していることと同じなのです。

おしりのにおいを嗅ぎ合う犬はお互いに友好的ですが、**相手のにおいをしつこく嗅ぐのは強い立場の犬**。弱い立場の犬は「どうぞどうぞ」と相手が嗅ぎやすい姿勢でじっとします。これはいわば服従の姿勢。犬は「親しき仲にも優劣関係あり」なのです。「ケンカはしたくないけど、かといって服従もしたくない」犬は、相手に対して体を横向きにしたり、腰を下ろしたりして肛門を隠し、おしりのにおいを嗅がせないようにするというささやかな抵抗をします。

おしりのにおいは犬の個人情報！
性別や体調までわかるよ

03 後始末？

猫は排泄後、前足で砂や土をかけて排泄物を隠す姿が見られますね。猫は自分のなわばりにいる獲物にこっそり近づいて狩りをするので、自分のにおいを消す必要があるのです。犬が排泄後に地面をかくしぐさもこれと同じ意味だと思われがちですが、実はまったくの正反対。**犬が排泄後に地面をかくのは、肉球から出る分泌物を地面につけられるから。**要はマーキング、自分を主張するための行為なのです。地面に残されたひっかき跡も視覚的な主張の役目を果たします。そもそも集団で獲物を追い立てて狩りをする犬は自分の存在を隠す必要がなく、排泄物を隠す必要もないのです。

その証拠に、**この行動は群れのなかで高い地位にいるオスがよく行う**ことがわかっています。地位の高いオスはあちこちにマーキングの排尿をし、もうオシッコが出なければ〝エアーオシッコ〟までするほど。去勢済みのオスやメスではこの行動はほとんど見られません。

オシッコやウンチのにおいに
さらに肉球のにおいをプラス！

04「あのう〜」

子犬はお乳や食べ物がほしいとき、母犬に気づいてもらうために前足を片方上げて母犬にタッチするという習性があります。この行動が発展して、前足をひょいと上げるだけで〝おねだり〟や〝甘え〟のサインとなり、食べ物だけでなく遊びに誘うサインになったり、相手に「自分には敵意はない、子犬のような存在だよ」と伝えるサインになったりしているのです。

「パピーリフト」と呼ばれるこのしぐさは、子犬の気分を多く残しているペットの犬もよく行います。飼い主さんが食べているもののおすそ分けがほしいときや遊んでほしいとき、単にかまってほしいときなどに前足を乗せてきたり、トントンとタッチしてきたり。飼い主さんが要求を聞いてくれるまで、しつこく何度もタッチしてくることもありますね。

ちなみに、犬にはもともとこの習性があるため、「お手」をすぐマスターするのだといわれています。

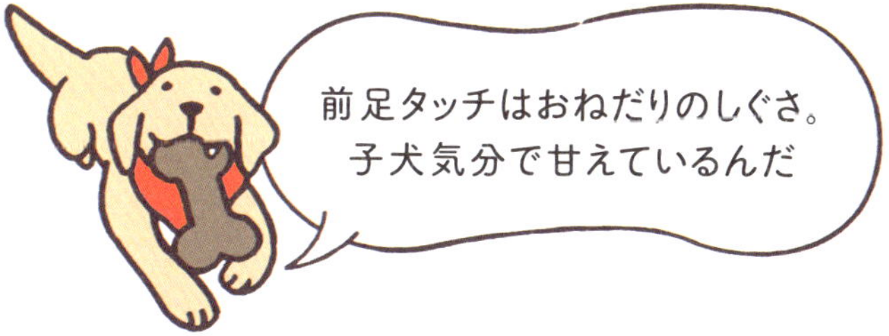

前足タッチはおねだりのしぐさ。
子犬気分で甘えているんだ

05 お宝発見

スミレさんや、オレの眼鏡知らんか？
知りませんよ～
それより私の毛糸のポシェット知りません？
あった!!
まーっこんなところに
モコの仕業だな
見てー
これずっと探してた靴下よ

犬にはもともと食べ残しを埋める習性があります。**地面に穴を掘って埋めておくことで食べ物が腐りにくくなったり、ほかの動物に横取りされるのを防ぐことができたりするから**です。ペットの犬にもこの習性は残っており、庭で飼っている犬は地面を掘ってその穴の中におやつなどを隠します。室内飼いの犬の場合は残念ながら、掘れる場所がありません。でも何とか隠したいので、ソファーの隙間やベッドと壁の間などに無理やり隠すのでしょう。

ペットの場合、大切なおもちゃなども隠すのが面白いところ。人間からすると「どうしてこんなものを?」と思うガラクタも大切そうにしまい込みます。隠し場所に人間が近づくと心配そうにそわそわしたり、くわえて取り出し人間に見せて自慢(?)してから、またしまう犬もいます。ただし**たいていの場合、当の犬も隠したことを忘れてしまうことが多いよう**……。あったはずのものがなくなっていたら、家具の隙間を探してみるといいかもしれません。

大切なものは隠しておくのよ。
へそくりと一緒ね

06 仕事中ですから

一心不乱に土を掘り返す犬……。あとで埋め戻すのが大変なので適当なところで切り上げてほしいところですが、なかなかそうはいきません。いったいなぜ犬はこんなにも穴を掘るのが好きなのでしょうか。

犬が穴を掘るのは、食べ物を隠す以外にもいくつか理由が考えられますが、おそらく**最大の理由は「楽しいから」**。野生では小動物の巣穴を掘り返して獲物を捕らえることもあるため、**犬の頭の中には「穴を掘る＝いいことがある！」とインプットされている**のでしょう。脳内アドレナリンが出まくって、犬自身もやめられないのかもしれません。

特にテリアは、地面に巣穴を作る小動物の狩り用に作られた犬種なので穴掘りが大好き。なにしろテリアの語源は地面や土を意味する「テラ（Terra）」。環境の許す限り、思う存分掘らせてあげたいものです。

穴を掘ったらいいことがある！
そう刻み込まれてるんだ

07 そこに穴があるから

塀の飾り穴から顔を出している犬をときどき見かけます。ふいに出会うとビックリしますよね。前ページでも述べた通り、犬は穴が大好き。本能的に穴を見ると首を突っ込みたくなるのです。同時に、**退屈している犬は通りを眺めて暇つぶしをしたいというのもある**でしょう。室内で退屈している犬は窓の外をずっと眺めていたりしますが、それと同じです。通りがかった人がいちいち驚くのが面白いという理由もあるかもしれません。

穴に首を突っ込むのはいいのですが、サイズ感を誤り抜けなくなることもしばしば。野生で見つける獲物の巣穴はたとえ狭くても周りの土を崩せば抜けるので、**「入ったら最後、抜けなくなるかも」という危機感が薄い**のでしょう。もしくは、子犬のときは問題なく抜けられた穴なのかもしれません。飼い犬の頭が塀の穴から抜けなくなり途方にくれた飼い主が消防隊に通報し、塀を壊して救助するといった騒ぎもときどき起きています。

穴から見える景色は
エンターテイメントなんだ

08 なんかついてる!

レオン、ちょっと
じっとしてて
ぴとっ
¥100
レオン
100円!
大特価
です!
取っちゃ
だめー
とって〜!
こらこら
かわいそう
でしょ!

犬にとっては迷惑なイタズラですが、このとき注目してほしい部分があります。それは、犬がどちらの前足でシールを取ろうとするかということ。**実は、さまざまな実験からオス犬は左利き、メス犬は右利きが多い**といわれています。前足以外に「利き目」や「利き耳」もあり、このように左右対称の器官のどちらかを優先的に使うことを「側性（そくせい）」といいます。ちなみに、**右利きの犬は右側の視界に注意しやすく、左利きの犬は左側の視界に注意しやすい**という実験結果も。利き手と注視しやすい視野は連動しているのでしょう。

さらに、犬には「利き鼻」もあるそう。ほかの犬のにおいを嗅ぐときは右の鼻孔を、人のにおいを嗅ぐときは左の鼻孔を使う傾向があるとか。ほかに、慣れないにおいはまず右の鼻孔で嗅ぎ、慣れたら左で嗅ぐ傾向があるという実験結果も報告されています。鼻で嗅いだにおいは脳で感知されますが、においの種類によって右脳と左脳を使い分けているのかもしれませんね。

利き手を調べるのは結構だけど
イタズラはやめてよね

09 同レベル

おっ、レオン
やるかーーっ
プル
プル
ウォンッ♫
ねー
見て！
レオンの
まね！
プルッ
プルッ
キャハハハ
ドタ
バタ
ふたりとも
野生児
ね…
…

相手を遊びに誘いたいとき、犬は胸を下げておしりを上げるポーズをします。このおじぎのようなポーズは「プレイ・バウ（Play Bow／遊びのおじぎ）」と呼ばれます。このポーズは**急所である自分の首を差し出すことで自分には敵意がないことを示し、相手に「最初に君が飛びかかってきていいよ」と伝えるサイン**になっています。このとき犬は同時にしっぽを大きく振り、吠えて相手の注意を引きます。相手もそれに応えて取っ組み合いの遊びが始まりますが、お互いに興奮して本気になりそうになるといったん離れて再度プレイ・バウを行い、「これは遊びだからね！」と伝えて再開します。**犬どうしが取っ組み合いをしているときは、プレイ・バウの有無によって本気なのか遊びなのか見分けることができる**でしょう。

人間が犬に向かって同じポーズをすると、犬も「遊びだね！」と理解し、じゃれあいを開始します。愛犬と遊びたいとき、あなたもぜひプレイ・バウを行ってみてはいかがでしょうか。

遊びたいときは最初に
おじぎをするのが礼儀だよ

10 ブンブンの謎

着いたぞー
ドッグラン
それっ
早いなコタロウはー
プルプル
トコトコ
…
おっ
あらー仲良しねえ
ブンブン
知らない犬は苦手なはずなのにシッポ振ってる?
?

実は、犬がしっぽを振るのは嬉しいときばかりではありません。嫌い、苦手などのネガティブな感情に心を動かされたときもしっぽは動きます。では、ポジティブな感情のときとネガティブな感情のときで、しっぽの振り方に違いはあるのでしょうか。あるのです。近年イタリアの研究チームが発見した事実ですが、**犬はポジティブな感情のときは右に、ネガティブな感情のときは左にしっぽを振る**のだそう。もちろん、反対側にまったく振らないということではなく、あくまで傾向。注意深く見ないとわかりません。

なぜこんな現象が起きるのかを説明する仮説として、「感情価仮説」というものがあります。**人間を含め動物の脳は、右脳がネガティブな感情を、左脳がポジティブな感情を司っている**というものです。脳の左右と体の左右の多くは、交差してつながっています。そのため、嬉しいときは右に、嫌なときは左にしっぽを振るのではないかといわれているのです。

嬉しいときは右に、嫌な気持ちのときは左に振っちゃうんだ

⑪ 危うきに近寄らず

犬は飼い主さんの気持ちを繊細に感じ取るといわれますが、声や体の動きがないときは、何を手がかりにしていると思いますか？ **実は最近の実験により、犬は人の表情を読み取れることがわかった**のです。実験ではモニターにさまざまな人の顔写真を映し、犬がそこから「笑顔」や「怒り顔」を見分けられるか調べました。すると犬は容易に見分け、しかも初めて見る人の顔や、その顔を上半分だけにしたもの、下半分だけにしたものでも表情を見分けました。要は目や口の表情だけで人の感情を読み取れるというのです。

別の実験では、**必要最低限しか人に接触していない研究施設の犬は最初に人の目や額のあたりを見るのに対し、人と多く接しているペットの犬は最初に人の口を見る**傾向があるとわかったそう。ペットの犬はコマンド（指示）が出る口に注意する癖がついていたり、人の顔のなかで最も変化が大きい口から表情を読み取ろうとしているのではないかといわれています。

視力はそんなによくないけど、
人の表情は見分けられるよ

⑫ お父さんは心配性

メス犬には普通年に2回生理が訪れます。生理といっても人間の生理とは意味するところが異なります。人間の生理は妊娠のために準備されていた子宮内膜がはがれたもの。つまり「妊娠しなかった」サインですが、**犬の生理は発情期に入った証し。膣内が充血してにじみ出たもので、「今なら妊娠できますよ」というサイン**なのです。この時期のメスからはフェロモンが発せられ、フェロモンに惹かれたオスが興奮して近づいてきます。**メスは気に入らない相手から逃げたり、あるいは威嚇したりとストレスの高い時期**でもあります。ホルモンバランスの乱れもありイライラするメスも多いよう。妊娠を望まないなら、不妊手術を受けるのも手でしょう。

ちなみに犬が一度に産む子犬の数は少なくて2頭、多くて10頭くらいですが、イギリスにいたナポリタン・マスティフのティアという母犬のおなかにはなんと24頭の子犬がいたそう。飼い主さんはしばらく子犬の世話に明け暮れたそうです。

生理中は周りが騒がしいし
イライラして嫌だわ

13 鳴きたいとき

ピーポーピーポー
ピーポーピーポー
オオーーン
ウォオーーン
ウォ〜オ〜オ〜ン
ピーポー
ウォーオーン
ピーポー
あの中の1匹はコタロウね…
ピーポー
オーーン
オーーン
オーーン

救急車やパトカーのサイレンに触発されて犬が遠吠えを始めるのは「犬あるある」のひとつ。そもそも遠吠えは野生時代からある習性で、**自分のなわばりの主張や、遠くにいる仲間との交信のために行うもの**といわれています。サイレンの「ウ～」という音は犬の遠吠えに近い高めの音程で、かつ遠吠えと同じように長く伸びる音なので、仲間の呼びかけに応じるような気持ちで遠吠えするのではないでしょうか。1頭が遠吠えするとそれを聴いた近くの犬も吠え出して……と大合唱が始まることもあります。特に**狼に近いシベリアン・ハスキーや柴などの犬種は遠吠えすることが多く、逆に品種改良によって作られた愛玩犬などは遠吠えしない**傾向があるといわれます。

遠吠えには仲間との絆を強める役割もあるといわれますから、愛犬が遠吠えを始めたら飼い主さんも一緒に吠えてみるのもいいかもしれません。もちろん、近所迷惑には注意しつつ……。

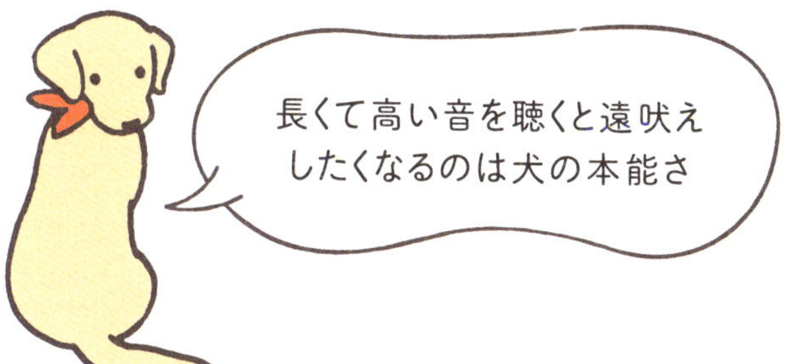

長くて高い音を聴くと遠吠えしたくなるのは犬の本能さ

14 何ごと!?

ヒィッ
ヒーン
わたしは～
おりょうりじょうずな
おかあさん～
ヒーン
レオンどうしたの!?
ヒン
ヒン
なんだ寝言!
パタ
パタ
びっくりさせないでよー

犬も人間と同じようにレム睡眠とノンレム睡眠をくり返していることがわかっています。レム睡眠中は脳は覚醒に近い状態で、眼球が動いたり足やしっぽが動いたり寝言を言ったりします。人間はレム睡眠中に夢を見ていることが多いため夢見睡眠とも呼ばれますが、犬もやはりレム睡眠中には夢を見ているのではないかといわれています。

さらに、**犬は学習したことをレム睡眠中に再体験することで、学習を定着させている**ともいわれています。人間も一夜漬けで学習するより、きちんと眠ったほうが記憶が定着するといわれますが、それと同じ。実験では、犬にある動作とある言葉を結びつけて覚えさせるというトレーニングをし、その後3時間睡眠させてから再度テストしたところ、睡眠前より睡眠後のほうが成績がよかったという結果が出ています。愛犬に新しいことを教えた後は、昼寝をさせてあげると効果的ということですね。

寝ている間にいろいろなこと
を経験しているのよ

15 あの草の向こうに

犬が片方の前足を上げてじっとしているのは「ポインティング（Pointing）」と呼ばれる、獲物を見つけたときのポーズ。**獲物に勘づかれないように静止しつつ、いつでも飛びかかれるよう前足を上げて準備をしている**のです。ポインターと呼ばれる犬種は、このポーズによって猟師に獲物の居場所を教えることから名づけられました。ポインター以外の犬種も獲物を見つけると本能的にこのしぐさをしますが、ポインターはポインティングをするだけで、その後実際に飛びかかることはありません。そのように作られた犬種なのです。猟師が獲物を撃つ準備を整えるまで待つことができるため、優れた猟犬として重宝されました。

19ページの「パピーリフト」とも似たポーズですが、パピーリフトは相手の注意を自分に向けるためのしぐさ。対して、ポインティングは獲物に気づかれないよう静止している、**後ろ足も必ず立った状態で緊張感を保っている**などの点で異なります。

獲物に気づくと片足を上げて
チャンスをうかがうんだ

16 儀式

おっ、そろそろ
ウンチ出るかな
くるっ

そろそろ
…のはず
くるっ
くるっ

やっとだ…
いつも
くるくる
回るけど、
これ何なん
だろう

犬がウンチの前にくるくるとその場で回るのはなぜでしょうか。一説には、**草むらで排泄をしていた野生時代に草を踏み固めて大事な部分に草が当たらないようにした名残り**、あるいは危険な虫などがいないか調べていた名残りともいわれています。

さらには最近、興味深い調査結果が発表されました。犬がウンチをするときは、体が南北の方向軸に沿っていることが多いというのです。これはチェコとドイツの研究チームが2年の歳月をかけ、犬の行動について膨大な記録を取った結果判明したもの。地球の磁場が安定しているときに多く見られる現象で、太陽が出ている間は磁場が不安定になり、この現象はあまり見られなくなるといいます。

となると、**犬がウンチの前にくるくる回るのは、南北の軸に沿って排便すべく地磁気を探り当てようとしている行動**なのかもしれません。しかしなぜ南北を向きたがるのか、なぜ排便時だけなのかは謎のまま。気になるので理由を知りたいところです。

渡り鳥と一緒でぼくらにも
磁気感知能力があるんだ

17 上書き

オシッコのにおいは犬にとって名刺代わりで、自分のなわばりを主張するためのツール。さらにメスにとっては、発情を周りに知らせる手段にもなっています。**発情期になるとメスはフェロモンが含まれたオシッコをあちこちに残し、それを嗅いだオスは「あの子が発情した！ 急いでそばに行かなくちゃ」となる**のです。

また、ほかの犬のオシッコの上から自分のオシッコをかける「上塗り」は、犬を含めイヌ科の動物に多く見られる行動です。自分のにおいで上塗りすることで相手のにおいを消し、自分を主張するのです。地位の低い犬がオシッコをしているすぐ後ろで地位の高い犬が待機し、すぐにオシッコの上塗りをすることもあります。まさに「オシッコ合戦」ですね。さらに**メス犬のオシッコにオスが上塗りするのは、求愛の意味がある**と考えられます。狼では、この行動はつがいの形成や求愛を意味するからです。でも、オシッコで求愛されるって、いったいどんな気持ちなんでしょうか……。

オシッコはなわばりの主張から
求愛まで用途が広いのよ

18 視聴者

西へ東へ
旅気分
ジャーン
今週は沖縄か〜
チャラララ〜ン
わっ
今週も来たか!
どしっ
見えないよ〜
何がレオンを惹きつけるんだろう
真剣!
ピロリ〜

犬の視力は0.2ほどといわれ、視力自体はそれほどよくありません。色もほとんど見分けられず、青と黄色が少々見分けられるのみ。ですから色鮮やかな画像や細かい画像は犬にとってあまり意味がありません。犬が優れているのは動体視力。そのため**人間には問題なく「流れる映像」として見えるものでも、犬には「止まった画像の連続」に見えている**可能性があります。そういった意味でテレビ番組は、犬にとっては現実の世界とは異なる「ちょっと不思議な世界」に見えているのかもしれません。また、**番組中の音楽に含まれる高い音が気になって、テレビを注視している可能性も**あります。

海外では動物学者とタッグを組み、犬の視覚に合わせて色彩やコマ数を調整した犬向けテレビ番組が作られていて、留守中の分離不安などへの効果が期待されているそう。さらには人間には聴こえにくい犬笛のような音を使用した、犬向けCMまで作られているとか。犬の反応や、実際の広告効果が気になるところです。

この四角い窓からは変なものが
見えたり聴こえたりするんだ

19 夏バージョン

モコモコの犬や長毛の犬は夏はいかにも暑そう。サマーカットをしたほうが夏バテや熱中症になりにくいのではと考えますが、実はサマーカットは逆効果という説もあり、賛否両論なのです。

被毛は断熱材の役割を果たすため、被毛表面は熱くても内部の皮膚はそれほど高温にはならないというのが反対派の理由。サマーカットすることで逆に皮膚に直射日光が当たって高温になりやすくなるだけでなく、皮膚が露出することでケガをしやすくなる、虫に刺されやすくなって感染症のリスクが高まるなどのデメリットもあるといいます。サマーカットするとしても地肌が見えるような丸刈りではなくやや長めのカットにしたり、床におなかをつけたときに冷やしやすいよう腹側の毛だけを刈るのが無難かもしれません。

ちなみに**一度カットすると毛質が変わったり長く伸びなくなるポメラニアンなどの犬種も**います。「キレイな被毛に戻らない！」なんてことのないように、下調べをしっかり行いましょう。

サマーカットは逆効果になる
ことも。熱中症は勘弁だよ

20 雪ニモ負ケズ

童謡『雪』で「犬は喜び庭かけまわり〜」と歌われているように、犬には雪が大好きなイメージがあります。まさにそのとおりで、**極寒のなか犬ぞりを引くシベリアン・ハスキーを筆頭に、基本的に犬の体は寒さに強くできています。**特にダブル・コートは防寒力が高く、マイナス40℃のなかで活躍する犬も。さすがに被毛に覆われていない肉球はしもやけになりそうなものですが、これも問題なし。しもやけは、指先などの血管が冷えて収縮し皮膚の温度がますます下がることで起こりますが、犬の場合は収縮した血管が定期的に開いて皮膚温が上がる「寒冷血管拡張反応（かんれいけっかんかくちょうはんのう）」が起きやすく、しもやけになりにくいのです。

野生時代の犬にとって雪は、深く積もると獲物が弱って捕らえやすくなるのに加え、仕留めた獲物の肉を天然の冷蔵庫の中で保存できるというメリットも。そんなプラスイメージが現代の犬にも引き継がれ、雪を見るとテンションが上がるのかもしれません。

雪を見るとなんでか
テンション上がっちゃうの

21 全員参加

いいかげんにしてよっ
なんだとコノヤロー
ガミガミ
ギャー
ギャー
ガウガウッ
ガウガウガウッ
ウー
ギャー
ワーワー
ギャー
ワンワン
ガウガウッ
今日はにぎやかだね

犬は人間の感情に敏感です。飼い主さんどうしがケンカをすると犬どうしでもケンカが始まるのは、**不穏な空気に犬がストレスを感じ、不安になって騒いだり異常行動をとったりする**のだと考えられています。

また、「これ幸い」と戦乱に乗じて自分の地位を上げようとしているという説も。狼の群れは、高い地位にある狼どうしがトップの座をめぐって争いを始めると、下位の狼たちも争いを始めることが知られています。リーダーシップの頼りなさに不安感が募るためとか、騒ぎに乗じて自分の地位を上げようとするためといわれます。飼い犬の場合も、**犬どうしの実力が拮抗している場合や密かに下剋上を狙っている場合、この機に相手をやりこめてやろうとケンカを始める**のかもしれません。いずれにせよ、飼い主さんどうしのケンカは、犬たちの平穏をもかき乱します。犬にストレスを与える家庭内の不和はなるべく控えたいものです。

飼い主さんがケンカすると
ぼくたちも不安になっちゃう

22 スマイル

こないだの写真、プリントしたよ
どれどれ
やっぱりコタロウ笑ってるよね
あははっ
ほんとだ笑ってるね！
かっわいい〜

笑顔は霊長類特有のものだといいますが、**犬もやっぱり嬉しいときは笑っているような顔に見えます。これには口と目の表情が関係しています。**緊張しているときはぎゅっと口を閉じますが、リラックスすると緩み、口角が上がって見えます。また緊張していると顔は下を向きがちですがリラックスすると上を向くため、目に光が入ってキラキラとした瞳になります。これらを総合すると、笑顔に見えるというわけです。威嚇するときも口を開いて歯をむき出しますが、耳が横を向いたり鼻にしわが寄ったり、顔が下向きで上目使いになったりすることから笑顔とは区別できます。

また**「ドッグ・ラフ（Dog Laugh）」と呼ばれる笑い声のようなものも**あります。犬が遊んでいる最中に出す「ハッハッ」という呼気のことで、相手に敵意がないことを伝え、落ち着かせる効果があるといわれています。人間が犬に向かってドッグ・ラフを行っても、ある程度の効果が期待できるそう。試してみたいものですね。

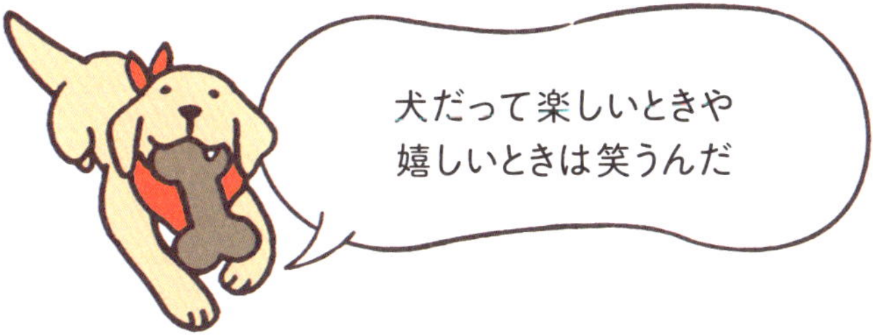

犬だって楽しいときや
嬉しいときは笑うんだ

コラムでわかる
犬のからだ ①

巻き尾

　柴犬や秋田犬の魅力のひとつは、くるんと巻いたしっぽ。この巻き尾は、家畜化された動物に現れる特徴のひとつです。イノシシはまっすぐなしっぽをしていますが、イノシシを家畜化した豚はくるんと巻いたしっぽです。同様に、狼はまっすぐなしっぽですが、犬になると巻き尾が現れるのです。家畜化によりしっぽを使った複雑なコミュニケーションをしなくなり、筋力の一部が低下するために巻き尾が生まれるのだとか。日本犬保存会によると、巻き尾は中央にピンポン玉ひとつ分の空間があるのが最も美しいそうです。

　しっぽはほかに、前方に傾斜しつつも先端が背中につかない「差し尾」、らせん状にくるくると巻く「スクリューテイル」、体の上に巻きあがりフサフサの毛で覆われた「リス尾」などさまざまです。

しっぽもいろいろなのね

PART 2

うちの子はおバカ？

23 「ピンポーン」が合図

ピンポーン
お荷物でーす
ハーイ
ワン
ワン
ワン
ワン
ワン
コタロウダメよっ！
すみません
ワン
ワン
ワン
ありがとうございました
ご苦労さまです
全くもうっ

飼い犬にとって家の中は最も大切ななわばりです。屋外では気弱な犬が室内では強気になる、いわゆる「内弁慶」も多いもの。当然、なわばりに入って来るよそ者は追い払おうとします。さらには**「あの音（チャイム）が鳴るとよそ者がやって来る」と覚え、チャイムが鳴っただけで吠え出す犬も多い**ようです。

これに加えて犬を勘違いさせるのは、宅配便など玄関先だけで帰る人の存在。**「室内に入らなかったのは、自分が吠えて追い払った手柄だ」と勘違いしてしまう**のです。当の犬は「これでよそ者から飼い主さんを守ってやれた！」などと思っているフシもあるので困ったもの。玄関先につないでいる犬の場合も、通行人に吠えかかり、その通行人が通り過ぎるのを自分が追い払ったと勘違いしてますます行動を強化させてしまうことがあります。この行動が番犬として役に立った時代もありましたが、現代では近所迷惑になることのほうが多く、ご近所トラブルの種になることもあります。

アタシたちがよそ者を
追い返してやってるのよ

24 BGMは大音量

プルルルル
はいはい
キャンッ
もしもし
キャン
あ、お母さん?
キャン
キャン
あらー
キャン
元気?
キャン
仕事はどう?
キャン
お父さんも心配して
キャン
キャン
あ、うん大丈夫
それでさー
うんうんわかった
キャン
じゃ、またね
キャン
キャン
あいかわらずだねぇ。ちゃんと声が聞き取れるの私ぐらいなんじゃ…

電話の着信音も前ページのチャイムの音も、**犬にとっては「静かな日常を突然壊す音」**なのでしょう。特に音量が大きく、音色が刺激的な「リリリリ！」などの音の場合、驚いたストレスで吠えるのだと考えられます。また電話もチャイムも飼い主さんはすぐ対応しなければなりませんから、**パタパタ走るなどの慌ただしい行動が伴い、これがさらなる刺激になる**のでしょう。なかには音が鳴るたび飼い主さんの足に咬みつく犬も……。可能なら音量を小さめに、音色もソフトなものに変更しましょう。変更できない場合は、その音をわざと何度も流して慣らすという方法があります。録音した音を最初は小さく流し、犬が落ち着いていたらおやつを与えてよいイメージをつけ、徐々に音量を大きくしていく方法です。

電話での会話中に吠えるのは、自分に関心が向いていないのが不満だったり、飼い主さんがひとりでしゃべっているように見えて不安、いつもと違うトーンの声が不安などの理由が考えられます。

あの音は気に障るんだよね。
飼い主さんの様子も変になるし

25 敵か味方か

あ〜、かわいい子犬！
レオンもあんな時代があったのよねー
子犬の頃は掃除機に吠えて大変だったわ〜
ワンワン
ガー
へー
うちはなぜか全然平気
掃除機で体を吸ってるの
シュボボ
便利でいいわね〜

掃除機の吸引音はただ大きいだけでなく、耳障りな高周波も含んでいます。聴力の優れた犬にとってはうるさくて仕方ないのでしょう。「普段は部屋のすみや戸棚の中で静かにしているのに、ときどき現れては大騒ぎして部屋中を駆け回る存在」、そんなふうに感じているのかもしれません。しかしなかには掃除機をまったく恐れず、それどころか吸われて喜んでいる犬もいます。音に慣れたのか、毛を吸われる気持ちよさに気づいたのか……。抜け毛掃除がはかどりますね。

自走式お掃除ロボットの場合は、掃除機と比べて音が静かなせいか小さいせいか、おもちゃのようにじゃれて遊ぶ犬も。上に乗って部屋中をお散歩(?)する犬までいます。部屋のすみで掃除機がくるりと回るときなど、バランスを崩して落ちてしまうのではと思いますが、上手に乗っています。世の中にはスケボーを乗りこなす犬もいますから、これくらいお手のものなのでしょう。

掃除機が平気な犬もいるけど
基本はうるさいから苦手なんだ

26 もう誰も止められない

野生時代の犬は、自分たち以外の「動くもの」を獲物として認識し、追いかけて狩りをしていました。ですから**動くものには敏感ですし、逃げれば追いたくなります**。「狩りモード」のスイッチが入った犬は無我夢中で、普段は従順な犬でも制止が効かない場合が多々。理性より本能が勝ってしまうのです。

野生では獲物が力尽きるまでとことん追いかけるという狩りを行っていた犬は、走ることにかけてはピカイチ。時速60㎞以上ものスピードを出し、ひと晩に400㎞もの距離を移動することもあるといいます。そんな犬にはやはり、人間と同じように〝ランナーズ・ハイ〟があることが最近の研究でわかりました。実験では8頭の犬を30分間走らせ、その前後の血中濃度を測定。**人間がランナーズ・ハイになったときに出る物質アナンダミドが、走った後の犬にも出ている**ことが判明したのです。犬が長距離を走り続けることができるのは、快感というご褒美があるからなのですね。

私たちは「走りたい体」に
進化してきたのかもね

27 何の音？

自分のオナラが自分から出た音であることを認識できない犬は結構いるようです。なかには自分のオナラに自分で驚いて、吠えたり駆け出す犬もいるといいます。**特に若くてオナラをあまり体験していない犬は、自分が出した音だと気づきにくい**のかもしれません。不思議な出来事にちょっと不安になり、助けを求めるために飼い主さんを見ることも。「オナラ＝恥ずかしいこと」とは思っていませんから、濡れ衣を着せようとは思っていないはずです。

パグやブルドッグなどの短頭種は、構造的に鼻呼吸が下手で口呼吸が多くなり、余分な空気を吸い込むためオナラが多くなるそう。同じく、早食いの犬も食事と一緒に空気を飲み込んでしまうためオナラが多くなるといいます。

人間と同じように健康な犬でもオナラはしますが、病気が原因のオナラもあります。オナラが頻繁だったり悪臭だったり、いつもと違うオナラの異常に気づいたら動物病院へ相談しましょう。

後ろから変な音が聴こえたぞ？
臭いにおいも。これって何？

28 パパは特別

レオン もう少し ゆっくり 歩いてー
ぐい
ぐい
なんで パパだけ？
ゆったり〜〜♫
貸して ごらん
ぼくも ぼくも
ぐいっ
あっ
どてっ!!
あーーっ

基本的に犬は女性よりも男性に従うことが多いようです。理由のひとつは声。野生の群れではリーダーがほかの犬をたしなめるとき低くて太い声を出します。ですから**女性が高い声で「いけない！」などと言っても、犬には真意が伝わりづらい**のです。また、女性はペットに対して同情しやすく甘やかしやすいため、甘える対象にはなってもリーダーとしては見ない傾向があるといいます。また単純に、群れのリーダーはオスなので、女性（メス）はリーダーと見なさないという説も。男性のようなルックスの女性でも、犬は声やにおいから女性と見分けることができるといわれています。

幼い子どももまた、犬からリーダーと見なされません。ペットの犬が家族に順位づけをするかどうかには諸説ありますが、仮に順位づけをするという説が正しいとすると、**自分より力が弱く声も高く、体もリーダー（父親）に比べてだいぶ小さい子どもは、自分より格下の存在と認識する**のでしょう。

この家のリーダーはパパさん。
パパさんには素直に従うよ

29 まだまだ！

信頼しているリーダーだけど、このときばかりはいうことを聞きたくない……。誰だってそういうことがありますよね。犬もそういうとき、葛藤状態になります。「もっと遊びたい」「でもリーダーに呼ばれてる」「いうことを聞かないと叱られちゃう」「でももっと遊びたい」……。**出した結論は、「聞こえなかったフリをしよう」**です。表立って「イヤ、帰らない！」と歯向かうと波風が立ちますし、その後のリーダーとの関係にヒビが入ってしまいます。そうはしたくないから、「聞こえないフリ」。でも後ろめたいので、飼い主とは目を合わせません。かわいいものです。

楽しい遊びの途中で切り上げるのは人間だって嫌なこと。**呼ばれて戻ると嫌なことが起きると覚えてしまったら、無視もしたくなります。**犬が戻ってきてもすぐには帰らず、いったんおやつをあげたり一緒に遊んだりして〝よいこと〟を経験させてあげると、呼び戻しがしやすくなるでしょう。

飼い主さんとの仲を壊したく
ないから聞こえないフリなの

30 感動の再会

ただいま
キューンキューン
↑コタロウ 6カ月
留守番できたねー
よしよし
ハッハッ
ハッ
はいはい
わかったわかった
ブンブン
1時間離れてただけなのにこの歓迎ぶり…
うれしいけど大変…
うれション

30分〜4時間のあいだ飼い主と離れていた犬が、再会時にどのような反応を示すかを調べた実験結果があります。飼い主と再会した犬はいずれも、体やしっぽを振る、飼い主の口をなめるなど歓迎のしぐさを見せました。さらに、**再会後は幸せホルモンであるオキシトシンが増え、ストレスホルモンであるコルチゾールが減った**という結果も。要するに犬は、たった30分離れていただけでも飼い主との再会を大いに喜ぶということなのです。また、「うれション」は喜びのあまりシモの筋肉が緩んでしまうために起こります。**甘えん坊の犬は母犬や高位の犬の前でオシッコを漏らすことで「自分は弱い存在です。だから守ってね」と伝える**そうで、子犬気分の犬は特にうれションしやすいのかもしれません。

ちなみに相手の口元をなめるのは子犬が母犬に見せるしぐさ。野生では母犬は幼い子犬に少し消化した吐き戻しを与えます。子犬は母犬の口元をなめてごはんをおねだりするのです。

飼い主さんはぼくたちにとって
最高のご褒美なんだ

31 ありったけの…

散歩後に足をふくのを習慣にしている家では、右足をふいたら左足を自主的に上げて待つ犬もいます。**しょっちゅう行っていることは犬も手順を覚え、飼い主さんが指示を出さなくても行う**というのはよくあることです。

こういった行動はある意味、飼い主さんの行動を予測しているといえます。さらに犬はもっと複雑なことも予測できます。例えば、**飼い主さんの帰宅がいつも通りかいつもより遅いかを予測できる**場合があります。手がかりは出かける前の服装。飼い主さんがいつもよりおしゃれをして出かけた日は帰りが遅かった、という経験をした犬は、出かける前の飼い主さんの服装から「今日はいつもと格好が違うぞ。変なにおい（香水）もする。ということは、帰りが遅くなるな」と予測するのです。飼い主さんの不在が犬にとっては〝嫌なこと〟なだけに、強く覚えるのでしょう。犬の知能は人間の3歳児程度といわれますが、なかなかどうしてあなどれません。

「オテ」の次は「フセ」でしょ？
全部やるから早くちょうだい！

32 尻隠さず

雷は犬が苦手とするもののナンバー1といっていいでしょう。雷鳴や閃光に驚くのはもちろんのこと、**犬は急激な気圧の変化や地表に集まる静電気にも敏感で、落雷前からおびえた様子を見せるのはそのせい**だとか。また、アメリカで行われた調査でハウンド系や牧羊犬に雷恐怖症の犬が多いことがわかり、雷への恐怖心には遺伝も関係していると考える専門家もいます。そんな愛犬の雷恐怖症に悩む人は世界中にいると見え、雷発生時のストレスを減らすサンダーシャツなるグッズも市販されています。これは胴体を適度に圧迫することで荒い呼吸ができなくなり、パニックを防ぐことができるというもの。ただし100％の効果はありません。

怖いとき、何でもいいから頭を突っ込んで隠れたいのは犬の本能。**野生では穴を寝場所とする犬ですから、怖いときは穴っぽいものの中に入って隠れたい**のです。おしりが出っぱなしで無防備極まりないのですが、苦肉の策といったところでしょう。

大きな音が怖いのはもちろん
だけど、理由はほかにもあるの

33 そういわれても

おもしろペット
バーン
どてっ
すごいね～
ほう こりゃ おもしろい
よし モコも やってみよう
バーンて 言われたら
ひっくり返るん だよ
!?
ごろん
バーン
バーン!!
だから～ ひっくり 返るの!
モコ! ほら 待ちなさい!

犬が人間の表情を見分けられるというのは33ページで述べたとおり。また別の実験からは、人間の声のトーンによっても感情を判別できることがわかっています。総合すると、**犬は表情や声で人の機嫌を察することができる**といえるでしょう。

これを証明した実験があります。犬に指示を出す際、「笑顔と高い声のポジティブモード」「しかめっ面と低い声のネガティブモード」「表情も声もニュートラルモード」の3パターンで行ったところ、**「しかめっ面と低い声のネガティブモード」では犬が指示に従うのをためらう傾向があった**そう。人間の場合も、人にものを頼むとき「やってくれる？」と笑顔で頼むのと「やっといてよ！」と不機嫌そうに頼むのとでは前者のほうが気持ちよく動いてくれますが、それと同じことが起きたわけですね。当たり前といえば当たり前ですが、それが実験で証明されたのが進歩。犬に指示を出す際は、明るい笑顔と高めの声で、機嫌よくいきましょう。

不機嫌に指示を出されても
おもしろくないから聞きたくないね

34 待ちぼうけ

犬に何かを教えるのにご褒美を使うのは効果的。ですが、タイミングが重要です。結論からいうと、ある行動を学習させるには犬がその行動をした直後にご褒美を与えないと意味がないのです。

東京大学の行った実験では、**教えたい行動の0.3～2秒以内にご褒美を与えると、快楽物質であるドーパミンが出て神経細胞をつなぐシナプスの結合が強化される**ことがわかりました。逆にいうと、2秒を過ぎると学習とは結びつかず単なる〝おやつ〟になるということ。ご褒美は間髪入れず与えることが重要なのです。

これは犬が何か悪さをしたときも同じ。その行動をした直後に正しくしつければ「これはいけないことなんだな」と覚えることができますが、しばらく経ってから叱られても犬は出来事と結びつけることができずわけがわかりません。**留守中にやったイタズラなどは犬にとっては大昔の出来事**。帰宅後に叱っても意味がないばかりか、不信感の元にもなってしまいます。

おやつはすぐにもらえないと
なんでもらえたかわからないよ

35 キケンな遊び

自分のしっぽを追いかけてくるくる回る行動。**一見かわいらしいひとり遊びですが、これが頻繁に見られたり執拗に続くような場合は要注意。**ストレスによる問題行動の恐れがあります。こうした問題行動は、つねに同じ行動を無目的にくり返すことから「常同行動」と呼ばれます。

ストレスによって表れやすい常同行動は犬種によって傾向があり、しっぽを追いかける行動は柴犬やジャーマン・シェパードなどによく見られることがわかっています。ほかは、自分の後ろ足やおしりを気にする（ミニチュア・シュナウザー）、自分の影を見つめたり追いかけたりする（ボーダー・コリー）、自分の脇腹を吸う（ドーベルマン）、前足の先をなめる（ラブラドール・レトリーバー）、同じルートをぐるぐると歩き続ける（ブル・テリア）など。**エスカレートすると自分の体を噛んだり毛をむしったりする自傷行為に発展することも**あるので、気になる行動があれば動物病院へ。

遊びでしっぽを追いかけることも
あるけど注意が必要だよ

36 何者!?

犬は嗅覚が優れているから、においだけで飼い主さんを判別できる……と思われがちですが、いつでもどこでも、どんな状況でもにおいだけでわかるわけではありません。**においだけでなく見た目や声などで"総合的に"飼い主さんと判断しているの**です。特に室内では飼い主さんのにおいは部屋中にしみついているため、においだけで判別するのは難しいでしょう。

見た目で大切なのはシルエット。47ページで前述したように、犬はそれほど視力がよくないため、細かい違いはよくわかりません。シルエットでざっくりと相手を見分けているのです。ですからシルエットが大きく変わる被り物などをすると「ダレ!?」ということになってしまいます。飼い主さんしかいないと思っていた室内に、突然見知らぬシルエットの不審者が現れたら、とっさには飼い主さんの変装とはわからないでしょう。においを嗅ぐ余裕もなくなって仕方ありません。

視覚だって重要。知らない姿で現れたら驚いちゃうよ

コラムでわかる
犬のからだ 2

いろんな“毛”

野生時代の犬は3cmほどのストレートヘアーでしたが、人間に飼育され品種改良も行われた結果、さまざまな被毛が誕生しました。ヨークシャー・テリアなどの美しいロングヘアもあれば、超短毛でつるんとした手触りのスムース、プードルなどのカーリーヘアも。カーリーヘアは撥水性に優れており、水中回収犬であるプードルには最適。美しいだけでなく機能性にも優れているんですね。

ほかに、まるでドレッドヘアのように紐状に毛が垂れさがるコーデドや、無毛のヘアレスという種類も。無毛の犬はなぜか普通の犬より体温が高くて40℃ほどあり、昔は寒い夜に湯たんぽ代わりに使われたり、痛みを和らげる温湿布代わりに使われていたそうです。温かいヘアレス・ドッグの肌、一度触ってみたいですね。

品種改良の結果なの

PART 3

犬ってすごい！

37 ササミのありか

犬の嗅覚の鋭さはいわずもがなですが、それは**鼻の奥にある「嗅上皮」というにおいをキャッチする部分が広い**ため。人間の嗅上皮が3～4㎠なのに対し犬は18～150㎠（犬種によって異なります）、比べると最大で2500倍もの開きがあるのです。嗅上皮でキャッチされたにおいは脳の「嗅球」と呼ばれる部分で感知されます。この**嗅球の質量も、人間が約1.5gなのに対して犬は約6gで、その差4倍**。体も脳も人間のほうが大きいのに……いかに犬が嗅覚に重きを置いている動物なのかがわかりますね。

ただし犬も嗅ぎ分けるのが得意なにおいと不得意なにおいがあります。例えば動物の汗などに含まれる酢酸は人の一億倍の鋭さで嗅ぎ分けられますが、スミレの花のにおいは3000倍程度。犬にとってスミレの花のにおいは生きていくうえでどうでもよく、動物の汗のにおいを嗅ぎ分ける力は狩りをするうえで必須だからでしょう。当然のことながら、おいしい食べ物のにおいにも敏感です。

おいしそうなにおいには当然
敏感。隠していても嗅ぎ当てるよ

38 うちの子、天才

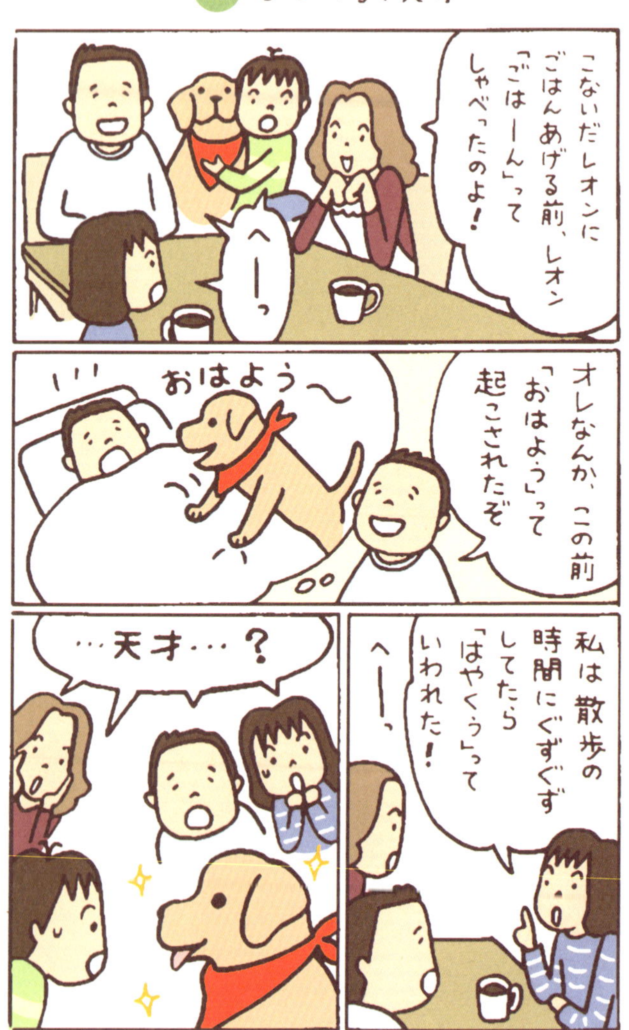

こないだレオンにごはんあげる前、レオン「ごはーん」ってしゃべったのよ！
へーっ
オレなんか、この前「おはよう」って起こされたぞ
おはよう〜
私は散歩の時間にぐずぐずしてたら「はやくぅ」っていわれた！
へーっ
…天才…？

犬にはいくつか鳴き声の種類がありますが、**言葉をしゃべっているように聞こえるときは「クウ〜ン」という高くて長めの鳴き声がベース**になっています。この声はもともと、子犬が母犬に甘えるときに出す声。ペットの犬は子犬気分を多く残しているため、ごはんや散歩をねだるときもこの声で飼い主さんに甘えることがあります。そうして**たまたま「ごは〜ん」「はやくぅ」などの言葉に聞こえたとき、飼い主さんが喜んで犬の期待以上の反応をすると、その鳴き方をくり返すようになる**のです。

それにしても、犬も音程を変えたり音の長さを変えたりと、意外と器用に鳴くもの。鳴き声も犬種によっていろいろで、なかにはまったく吠えない代わりにヨーデルのような鳴き声を出すバセンジーという犬種や、遠吠えが歌声のように聞こえるニューギニア・シンギング・ドッグという犬種もいるそう。犬の歌声、一度聴いてみたいものですね。

こういうふうに鳴けば、
ごはんや散歩が手に入るの

39 禁句

最近、体が締まってきた気がするよ
毎日散歩してるからかな
ハッ
あなたっ
!
さんぽ?
さんぽいくの?
つい
うっかり・・・
ヒー
さんぽ〜

犬は自分にとって重要な単語を記憶します。「オテ」「オスワリ」などのコマンドはもちろん、**「散歩」「ごはん」などの生活上の単語は教えられなくても覚えます。**「散歩に行くよ」と散歩のたびに飼い主さんに言われることで、行為と単語が結びつくのです。

どれくらいの単語数を覚えられるかはその犬の知能によって異なりますが、**アメリカに住むチェイサーというボーダー・コリーは、ボールなど計1022個のおもちゃの名前をすべて覚えているそう。**飼い主さんが「○○を持って来い」と言うと、チェイサーはたくさんのおもちゃのなかから○○を正しく探し出し、くわえて持って来ます。おもちゃは飼い主さんから見えない場所に並べられていて、飼い主さんの視線などがヒントになっているわけではありません。さらには、知らない言葉を言われたときは見たことのないものを取って来るという機転まで披露! チェイサーの場合、明らかに名前の概念を理解しているといえますね。

自分にとって重要な単語は
教えられなくても覚えるんだ

40 ファンサービス

「カワイイ」という言葉に敏感な犬がいますが、これは決して「カワイイって私のことよね」などとうぬぼれているわけではありません。**「カワイイ」と言われてなでられる、「カワイイ」と言われておやつをもらう……。こうした経験を重ねた犬は当然、「カワイイ＝よいことが起きる」と覚えます。**よいことが起きると思っているので、期待で瞳が輝いて口角が上がり、実際にかわいい顔になるからよく出来たものです。

ちなみに**犬が額の中央を上げ、困ったような悲しいような表情をすることがありますが、これも人間がかわいいと思う表情のひとつ。**人の「何とかしてあげたい！」という気持ちをかきたてる表情のようで、この表情をよく見せる犬は保護施設から早く引き取られる傾向があることがイギリスの調査でわかりました。しっぽを振るなど愛嬌のあるしぐさをする犬よりもむしろ、引き取られるまでの期間が短かったそうです。

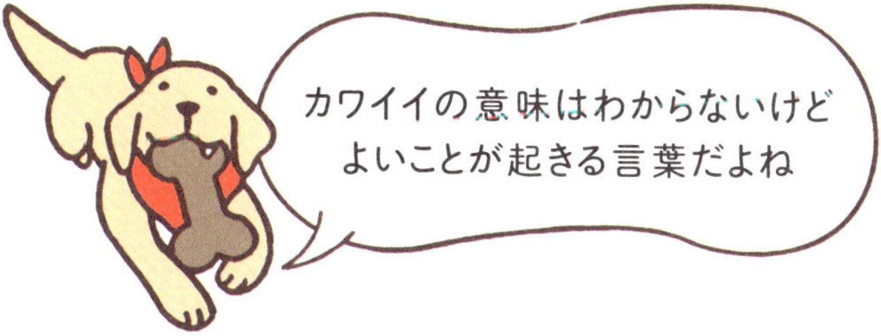

カワイイの意味はわからないけど
よいことが起きる言葉だよね

41 モコの子育て!?

犬が子猫を育てたって!?
まーえらいわね
犬が子猫にお乳を…
子猫か〜そういえば…
待合室
休診日
%….
%….
子猫あげます
ミー
ミー
ミー
いいかも…
無理ですよ!

犬が子猫を育てたというニュースを耳にすることがあります。**猫以外にもさまざまな動物を育てる犬の例が報告されており、上野動物園でも育児放棄されたトラの赤ちゃんを犬が育てた事例が**あります。想像しただけで微笑ましい光景ですが、なぜこんなことが起こるのでしょうか。授乳期の母犬がほかの動物の子どもにお乳を与えるのは、ホルモンの関係で「小さい者を育てたい」気持ちが高まっているためかもしれません。生活の心配のない飼育下では、敵・獲物の認識が薄れるということもあるでしょう。

もうひとつ、親が子をかいがいしく育てる理由のひとつに「赤ちゃんの見た目のかわいさ」があります。「ベビーシェマ」と呼ばれるもので、**大きな頭、大きな瞳、小さい鼻や口、丸い頬、ずんぐりした体型などを備えた者を見ると本能的に守ってあげたくなる**のです。このベビーシェマが種の違いを越え、他種の赤ちゃんでもつい育てたい気持ちにさせてしまうのかもしれませんね。

自分の赤ちゃんでなくても
育てたくなるときがあるの

42 オオカミ少年

レオン帰るよー
おいで！
ぼくに任せて
レオンおやつだよ！
おやつはもうないのに…
レオンおやつー
アレ？
プイ
数日後…
ね、うまくいったでしょ
！

犬はバカじゃありません。**おやつで釣っておいて実際には与えてくれなかった人は「この人は自分を騙す人、信頼のできない人」と覚えます。**犬はちゃんと人柄を見るのです。

京都大学が行った実験にこういうものがあります。容器を2つ用意し、一方だけにおやつを入れます。最初におやつを入れた容器だけを見せ、人が指さしで犬に教えます。犬は容器をのぞいておやつを発見し、おやつを平らげます。次に両方の容器を見せ、空の容器のほうを指さします。指さされたとおり空の容器に向かった犬は、おやつが入っていなくてがっかりです。最後に、最初と同じようにおやつ入りの容器を指さすと……? これまで素直に指さされた容器に向かった犬が、最後は従わないことが多かったのです。

このことからも、犬は**一度嘘をつかれるとその人を信用しなくなる**ことがわかります。犬を見くびって安易な嘘をついたり、遊びのつもりでからかってしまいがちな人は、くれぐれもご注意を。

おやつで釣って騙すなんて、
もう信用できなくなっちゃうよ

43 ミステリー

おもしろくなってきたぞ
きっとこの中に犯人が…
ん？モコどうしたっ
大変!!
あしがへんなの
ヒョコッ
すぐ病院行かなきゃ
モコーッしっかりしろ
何ともありませんよ
エッ!?

犬も仮病を使うことがあります。**多いのが足を引きずるフリ。ひょこひょこと変な歩き方をして、足が痛いフリをする**のです。まさか動物が演技を？　と思うかもしれませんが、実は似た事例はほかの動物でも確認されています。有名なのは鳥の擬傷（ぎしょう）。敵が卵やヒナに近づくと、親鳥が離れた場所でヨロヨロ歩いたり羽根をバタバタさせることがあります。敵は「親鳥のほうが狙いやすそうだ」と思い親鳥に近づきますが、すんでのところで親鳥は飛び立ちます。結果、卵やヒナが守られるというものです。

鳥の擬傷は子どもを守るために役立ちますが、犬の仮病は飼い主さんの気を引くためのもの。こうすれば飼い主さんが心配してかまってくれることがわかっているのです。ですから飼い主さんが見ていないときには普通に歩いていたりします。犬が仮病を使ったときは、最近ちゃんとかまってやれていたか振り返ってみてください。

飼い主さんの気を引くためなら
仮病も使うよ

44 キャリアがちがう

老犬は体力も、視力・聴力などの感覚も衰えてきます。ですから単純な競争では若い犬には勝てません。しかし、**論理的思考力では老犬のほうが若い犬より優れている**……そんな実験結果が明らかになりました。

実験をしたのはオーストリアの大学。生後5か月から13歳までのボーダー・コリー95頭を対象に、タッチパネルに表示される2つの絵から正解を選ぶという学習をさせました。この学習にかかった時間は、やはり老犬より若い犬のほうが短いという結果でした。

しかし、次の段階で老犬が能力を発揮します。不正解の絵はそのままで、正解の絵を初めて見る絵に差し替えたのです。すると、老犬のほうが成績がよいという結果に! これはつまり、**「こっちの絵は不正解なのだから、正解はあっちの絵だろう」と推察する"論理的思考"ができる**ことを意味します。まさに年の功。年を取っても、衰えるものばかりではないのですね。

年を取ったぶん経験が増えて
わかることも多いのよ

45 避難が第一

はい コーヒー
おっ サンキュ
グラッ
わっ
ハー、結構ゆれたねぇ
ハッ、コタロウは？
地震を予知して飼い主を助ける犬もいるっていうけど・・・
コタロウに限ってはなさそうだね

人間から見れば地震を予知しているように見える犬の行動。しかし**犬を含む動物には人間より鋭い感覚があり、予知ではなく、地震前に生じる何らかの変化を感じ取っている**のではないかといわれています。例えば、人間が主に感じる横揺れはS波と呼ばれますが、S波の前には微弱な縦揺れであるP波が到達します。動物たちはこのP波を感じ取っているのだという説があります。

また、**地殻変動によって生じる電磁波をキャッチしているという説**もあります。麻布大学獣医学部の研究では、床下30㎝の場所でコイルによって電磁波を発生させ、床上にいる犬のストレスホルモンの変化を調べました。その結果、10頭中1頭の割合で反応が見られたそう。ただし、顕著な反応があったのはシベリアン・ハスキーなど狼に近いとされる犬種だったといいますから、犬種による差や個体差があるということ。まったく地震を察知できない能天気（？）な犬もいるのかもしれません。

狼に近い犬種なら地震を察知できるかも？

46 平和

警察犬や救助犬の活躍はすばらしいものですが、**すべての犬にこうした活躍を期待するのは荷が重い**でしょう。能力や性格が犬種や個体によって違うからです。例えばマズルの短いパグなどの犬種は、マズルの長い犬種と比べて嗅覚がやや劣っていることがわかっています。また性格も、課題を次々こなすことに喜びを感じるボーダー・コリーなどの犬種もいれば、訓練はちょっと苦手なビーグルなどの犬種もいます。さらに同じ犬種でも個体差があります。

日本警察犬協会が警察犬に指定しているのはシェパード、ゴールデン・レトリーバー、ラブラドール・レトリーバー、ボクサー、ドーベルマン、コリー、エアデール・テリアの7犬種。いずれもたくましい体と優れた嗅覚、忍耐強さや冷静さ、頭のよさをもっています。対して、**災害救助犬はラブラドール・レトリーバーから雑種犬まで多彩な顔ぶれ。**なかにはチワワもいて驚き！　小さい体ならではの活躍が期待できそうですね。

仕事をするのに向いている犬と
向いてない犬がいるんだ

47 反省中？

悪さを見つかった犬が目をそらしたり、おなかを見せたりすることがありますよね。こうしたしぐさはまるで自分の過ちを反省し、許しを請うているかのよう。しかし、**こうしたしぐさを罪悪感の表れと考えるのは、実は人間だけ**のようなのです。

ある実験で、飼い主の不在時におやつを盗み食いした犬を叱ったとき、犬がどのようなしぐさを見せるかが調べられました。ただし本当に犬が盗み食いをした状況のほか、ほかの人がおやつを隠してしまった濡れ衣の状況も作ります。結果、どちらの状況でも犬は同じように、目をそらすなどのしぐさを見せたのです。このことから、犬が**目をそらすなどのしぐさをするのは罪悪感からではなく、飼い主に叱られている、もしくは叱られそうな怖い雰囲気を感じ取ったため**だと推測されています。多頭飼いの家庭でどの犬がやったかわからないイタズラを叱ったとき、いかにも反省しているふうな犬がいても、その犬が必ずしも犯人ではないということですね。

反省しているように見えるのは
飼い主を怖がっているだけよ

48 "白"の謎

お誕生日おめでとうございます♫
おーっいいね
どうだ？
お似合いよ
モコ？
どうした？
モコどうだ？
サササッ
数日後
○○犬猫病院
ハッ、白衣…
これか

お医者様といえば白衣。白は清潔感のある色ですが、その反面、緊張感を強いる色ともいわれています。さらに病院＝注射など痛いことをされる場所、というイメージがつくと、**白衣を見るだけでストレスを感じ脈拍や血圧が上がる「白衣症候群」**になることも。「白衣症候群」は人間にも犬にも見られる現象です。猫の場合のデータですが、アメリカの獣医学部が13頭を使って調べたところ、動物病院での猫の血圧は正常時に比べ平均17・6㎜Hg高くなったそう。最高で75・3㎜Hg高くなった猫もおり、猫の血圧の平常時平均が100㎜Hg前後であることを考えるとかなりの異常値。**そのため病院で血圧や脈拍の正常値を測るのは難しい面がある**のです。

患者や動物のストレスを減らすため、最近では人の病院でも動物病院でも色つきの制服が増え、病院の壁もパステルカラーが増えています。ですがかかりつけの獣医師の制服が水色だと、今度は水色の服に過剰反応してしまうようになる可能性も……。

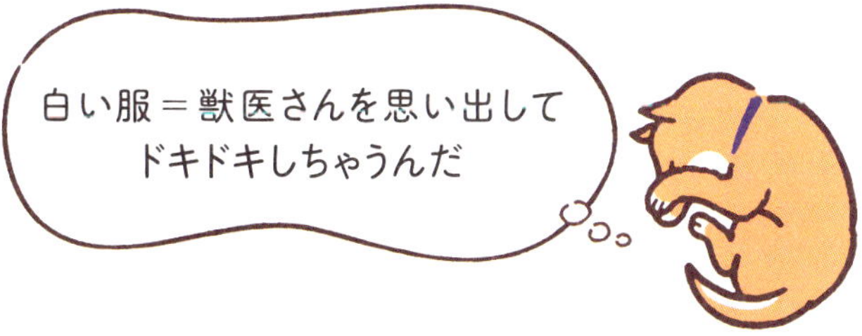

白い服＝獣医さんを思い出して
ドキドキしちゃうんだ

コラムでわかる
犬のからだ ③

舌の色

犬の舌はピンク色だけかと思いきや、青い舌や黒い舌もあるというから驚きです。青い舌をもつのはチャウチャウ。子犬の頃はピンク色ですが年齢とともに青黒く変化していくそうで、別名「黒舌犬（こくぜつけん）」とも呼ばれます。また、チャウチャウと近い犬種といわれるシャーペイも紫っぽい舌をしており、いずれも狼に近い古代犬種の血を引いているといわれます。ほかに、北海道犬や甲斐犬には舌に黒い斑（舌斑（ぜっぱん））が見られます。一説には縄文時代に日本に渡来した犬種には舌斑があり、弥生時代に渡来した柴犬などの犬種には舌斑がないのだとか。

このようにもともと変わった舌をもつ犬もいますが、普通の犬の舌が変色したら要注意。青黒い舌は酸素不足、白や赤い舌は中毒、黒い斑点ができていたら悪性腫瘍の恐れありです。

青い舌ってビックリだなあ

PART 4

飼い主は困ってます

49 ふわサラは一瞬

あー
疲れた…
月イチのシャンプーは一大イベントね
でもきれいになって良かった！
ふわサラ〜
あっコタロウちょっと待って！
ああーっ
ゴロンゴロ〜ン

シャンプーできれいになった状態は人から見れば気持ちのよいものですが、実は犬にしてみればあまり居心地のよくないもの。**自分のアイデンティティーである体臭が薄くなり、さらに犬にとってはまったく価値のないシャンプーの香りもついてしまって、自分が自分でなくなったような気がする**のです。だからなじみのある自然のにおい（土）をつけて居心地の悪い状態を何とかしようと思うのでしょう。

さらに土のみならず、悪臭を放つ排泄物や生ゴミなどの上でわざわざ転がってにおいを体につけることもあります。この行動の理由は明らかではありませんが、狩りの際、強いにおいで自分のにおいをカムフラージュするためともいわれます。**特に好むのは、干からびたミミズの死骸のにおい**。恍惚状態になってミミズの上でゴロゴロし、挙げ句、食べてしまうことも……。ミミズの何がそんなに犬を惹きつけるのか、その理由はまだ解明されていません。

早くいつもの自分のにおいに
戻りたいんだ

50 これも愛

あーっ
また!
ガジ
ガジ
ガジ
ガジ
レオン
3カ月
やっぱり!!
くーーっ
なんで
オレのばっかり…
お口直し中
チャプ
チャプ
チャプ
チャプ

靴やスリッパをカミカミする犬は多いですね。考えてみれば、使用中の靴ほど犬をそそるものはないかもしれません。ゴムの部分と布の部分の歯応えの違い、靴紐をカミカミしたり中敷きを引っぱり出したりする楽しさ……。**最大のポイントは飼い主さんのにおいがするところ**でしょう。前ページでも述べたように、犬はくさいにおいが大好き。ですから体臭の強い男性の、それも蒸れた足のにおいなんて大好物です。

「人間が嗅いでもくさくてきついのに、嗅覚の鋭い犬が嗅いだらくさすぎて卒倒しちゃうのでは？」と思った方、ご安心を。例えば犬は汗などに含まれる酢酸を人の一億倍の鋭さで嗅ぎ分けられますが、これは酢酸を一億倍強烈に感じてしまうわけではありません。**人が感じ取れる限界の薄いにおいを、さらに一億倍薄くしても嗅ぎ分けられる**ということなのです。警察犬が数日前の犯人の足跡など微かなにおいまで嗅ぎ分けられるのはこのためです。

噛み応えも、飼い主さんのにおいがするところも好みなの

51 謎の食い意地

犬が大食いするのは野生時代からの性(さが)。野生時代の犬は獲物を狩って暮らしていましたが、**獲物は毎日捕れるわけではありません。ですから「食べられるときに食べられるだけ食べておこう」という本能があります。**さらに、群れで狩りをするため捕った獲物は群れのメンバー全員で一斉に食べ始めます。うかうかしてたら自分の取り分がなくなってしまいますから、一気食いが基本。こうした生活をしていたため、**犬は一度に体重の5分の1もの量を胃に詰め込める**ようになっています。体重50kgの人なら10kgを一度に食べるということで、とても真似できませんね。

また、母犬は子犬に吐き戻しを与えますが、犬の胃は入り口が緩くて吐き戻しやすい作りにもなっています。「じゃあ一気食いしたり、吐いても問題ないのね」と思うのは早計。一度に一気に食べると脂肪がつきやすくなりますし、くり返し吐くことは食道炎や胃捻転などの病気を招きます。やはり給餌は小分けに、が基本です。

目の前にエサがあるとたくさん
食べずにはいられないんだ

52 マテ…ない

マテ
きちっ
プルルルーッ
はい佐々木です
マテよ
はい
ええそうですね
じゃあその日にします
じっ
おまたせ…
あっ食べたな！

マテと言われて5時間以上おやつを待つ犬がいたり、マズルの上におやつを乗せられてもじっと我慢する犬がいたりしますが、普通の犬にはなかなか難しいこと。ましてや**飼い主さんが見ていない状況では、パクッと食べちゃう犬がほとんど**です。

こんな実験があります。部屋の照明を明るい状態から暗い状態まで数段階調整し、それぞれの状態で床におやつを置いて、犬にマテをします。これを84頭の犬で試して様子を観察したところ、**暗い状態だと犬が盗み食いする率が高く、さらに食べるまでの時間も短い**という結果に。「暗い状態＝人からは見えてないからバレない」と考えたのでしょう。別の実験でも、おやつを盗み食いするために音が鳴る方法と鳴らない方法を選べた場合、犬は鳴らない方法を選ぶことが確認されています。悪さは人目を盗んで行うのですね。これは同時に、犬は人の視点に立って物事を考えられるということでもあり、犬の知能の高さを物語っています。

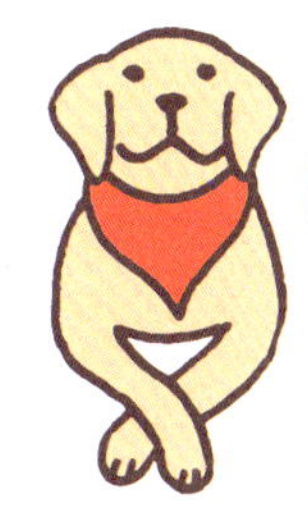

飼い主さんの目がないと
おやつの誘惑に勝てないよ

53 拾った物はぼくの物

散歩中に出会う目新しいものを調べるのは犬の楽しみのひとつ。落ちているゴミは**飼い主さんにとってはゴミでしかありませんが、犬にとっては「調査すべき興味深いもの」**です。思う存分においを嗅いだりなめたりして調べ、気に入ったら宝物としてしまっておきたいところ。それなのに飼い主さんに取り上げられそうになったら、隠すつもりで飲み込んでしまうことだってあります。

異物を誤食した場合、ウンチで出すことも吐き戻すこともできなければ、開腹手術になることも。テニスボールや石、軍手、ぬいぐるみなど犬はさまざまなものを丸飲みします。**イギリスにいるカイルという犬は生後6か月のとき、体長45cmの体で38cmもあるナイフを丸飲みしてしまった**そう。開腹手術により命には別条なかったそうですが、犬がどれだけ無茶をして異物を飲み込むかがわかるエピソードです。愛犬の誤食にはくれぐれも気をつけたいものです。

どんなものか調べ終わるまでは
持っていたいの

54 ニオイすれども

食糞に悩む飼い主さんは多いよう。**健康なウンチなら食べてしまっても害が出ることはまずありません**が、飼い主としてはできればやめてほしい行為のひとつです。

食糞をする理由は複数考えられます。ひとつは食べ物のにおいが残っていること。もうひとつは前ページのように気になるものとして口にくわえ、弾みで飲み込んでしまうケース。また母犬は子犬のウンチを食べて処理するという習性があり、子育て期間が終わってもその習性が残ったり、子犬が母犬の行動を真似て自分もウンチを食べて処理するようになったりということも考えられます。

飼い主として最も気をつけたいのは、犬がトイレ以外の場所でウンチをしたときに叱ったため、犬が**「ウンチをすると叱られる。じゃあウンチを食べて隠してしまおう」と考えるようになってしまう**パターン。そうならないよう、トイレの失敗は決して叱らないことです。

なんで食べちゃだめなのか知らないけど嫌なら早く片づけてね

55 作戦成功！

散歩中の突然のストライキ、ありますよね。**こういうときの犬は不思議なほど頑固**です。考えられる原因は、調べたいものがあるのに飼い主さんが立ち止まってくれない、帰路についたけどまだ帰りたくない、単純に疲れてもう歩きたくないなど。嫌いな動物病院への道を覚えていて「そっちには行きたくない！」という場合や、好きな公園に行きたくて「そっちじゃなくてこっち！」という場合もあるでしょう。**歩かないことで抱っこしてもらえたり、おやつがもらえることを覚えた犬は、ご褒美目当てでストライキする**ことも。ストライキ＝ご褒美タイムにならないように気をつけたいものです。

これは「歩かなくなる」話ですが、犬も年老いたり病気になったりして「歩けなくなる」こともあります。歩けなくなったらカートの出番。変化のある屋外の景色を見ることは脳への刺激になり、認知症の予防にもなります。散歩の日課はぜひ続けたいものです。

散歩のあいだぐらいわがまま
いったっていいじゃない

56 小さい体でデカイ顔

どちらが主人なのかわからないほど大きな顔をしている犬がいます。本来なら飼い主がリーダーにならなければいけないのに……と思うところですが、**実は犬にリーダーは不要とする説も**あります。その根拠は、明確な序列形式が見られるのは動物園など人間の飼育下にある狼の群れだけで、野生の狼や野生の犬には序列形式が見られないこと。飼育下ではエサが限られているため、自然と競争社会になり階級ができるのではと考えられています。

ただし、**ペットの犬は野生より飼育下の狼の生態に近く、やはり序列意識があるのではという意見も**あり、今のところどちらが正しいとはいえません。狼に近いハスキーなどの犬種とキャバリアなどの愛玩犬では序列意識も違うでしょうし、なわばり意識が強いシェパードなどの犬種は、やはり序列意識も高いと考えられます。ですから、すべての犬種を「犬」とひとくくりにして論じること自体、少し無理があるのかもしれません。

序列意識の強い犬と弱い犬がいるのかも？

57 お父さんの負け

あっ
ガシャ
こらっ!!
オレの大事な…
うっ…っ
おこっちゃいやよ
ゴローン
こ、今度から気をつけるんだぞ
こちょこちょ
また手玉にとられてる…

仰向けになっておなかを見せるのは服従の意思表示。自分の弱点であるおなかをさらけ出す姿はいかにも「降参！」と言っているようで、なるほど納得のボディランゲージです。しかし実は**おなかを見せていても、服従の意味ではない場合がある**のです。

見分けるポイントはしっぽ。相手に服従するのは弱気のときですから、服従の気持ちのときはしっぽを股の間に巻き込んでいます。そうではなくしっぽを伸ばしていたりパタパタと振ったりしているときは、ただ単にリラックスしている状態か、「おなかなでて」「遊ぼうよ」というお誘い。また、**このポーズをしたときに飼い主さんに優しくしてもらった経験をもつ犬は、飼い主さんに甘えるためにわざと腹見せをすることも**あります。

ちなみに服従の腹見せであっても「ごめんなさい」と謝罪しているわけではなく、「もう怒らないで」というサイン。自分が悪いことをしたかどうかとは関係がないのです。

腹見せは服従のサインとは
限らないんだ

58 やる時はやるのだ

ソラくんはいつもいいコね〜
そんなことないんですよー
この前、彼氏が初めてうちに来たんですけど
あっオレのリュック…
ソラ！
フーンやるなあ…
もー参っちゃった

飼い主さんなら納得だと思いますが、**犬にも嫉妬心はある**といわれています。飼い主さんの愛情は犬にとって最も大切なもの。飼い主さんが自分を無視して知らない人といちゃいちゃしていて、その知らない人のにおいがついたバッグがあるとなったら、不安も入り混じってマーキングのオシッコをしても不思議ではありません。

カリフォルニアの大学が行った実験でこういうものがあります。飼い主が犬を無視し、おもちゃと楽しげに遊んでいるフリをします。おもちゃはぬいぐるみの犬、ハロウィンのかぼちゃ、飛び出す絵本の3種類。すると犬は、かぼちゃや絵本のときはあまり反応しなかったのに対し、ぬいぐるみのときはぬいぐるみと飼い主のあいだに割り込もうとしたり、ぬいぐるみに噛みつこうとしたり、飼い主にタッチして気を引こうとする行動に出たのです。つまりやはり犬にも嫉妬心があり、**ライバルと飼い主さんとのあいだを裂こうともする**ということ。人間と同じなのですね。

見知らぬヤツと飼い主さんが
仲良くしていると嫉妬しちゃう!

59 目覚めればおしり

おしりの穴をこちらに向けるなんて嫌がらせ？　と思うかもしれませんが、**これは実は信頼の証。**人も犬もそうですが、前方から来たものはすぐに確認できても、後方から来たものはとっさに対応できません。ですから犬は警戒している相手には背中を向けませんし、屋外で眠るときは背後を警戒しなくていいように洞穴や樹木を背にしたり、仲間どうしで背中をつけ合って死角をなくします。また、おしりのにおいは犬の個人情報ですから友好的な相手にしか嗅がせません。つまり、あなたにおしりを向けて寝るのは、**「あなたを完全に信頼していますよ」「あなたに背後を守ってもらえるから安心して寝られますよ」という意味**なのです。

さらに犬が後ろ足を真っ直ぐに伸ばし、おなかを床につけて寝ていることがありますが、この姿勢だととっさに立ち上がれません。このポーズで飼い主さんに背を向けて寝ているのは、完全に飼い主さんに心をあずけている状態だといえるでしょう。

無防備なおしりを相手に向けるのは最高の信頼の証！

コラムでわかる
犬のからだ ④

鼻のふしぎ

プードルやマルチーズ、ラブラドールなどの色の薄い個体には、夏は黒い鼻をしているのに冬になると茶色やピンク色になる犬がいます。この現象はウィンターノーズと呼ばれ、日本語では「冬鼻」「雪鼻」といわれます。夏場は降り注ぐ紫外線でメラニン色素が増えますが、冬場は紫外線が少ないため色が薄くなるそう。毎日愛犬の顔を見ている飼い主さんでも、気づいていない人がいるかもしれませんね。

ところで、ピンクの鼻の犬より黒い鼻の犬のほうが嗅覚が優れているという説があります。全身のメラニンの濃さと嗅覚の鋭さはリンクしているようなのです。ではウィンターノーズの犬は夏になると嗅覚が鋭くなる……かというとそんなことはなく、逆に夏場は暑さでハアハアと口を開けて呼吸する影響で、すべての犬の嗅覚がだいぶ落ちるそうです。

色が変わるなんてオドロキ!

PART 5

十犬十色

60 プルプル チワワ

こんにちは
あら こんにちは
今日はいいお天気ねー
暖かくていいわねー
洗濯物もよく乾くわ
じっ
どうしていつも震えているのかしら？

「ベルクマンの法則」と呼ばれる現象があります。同種や近縁種では、寒い地域にすむ動物のほうが暑い地域にすむ動物より大きいというものです。例えば同じシカでも屋久島のシカより北海道のシカのほうが大きく、同じクマでもツキノワグマよりホッキョクグマのほうが大きいですよね。体が大きいと体重当たりの体表面積が小さくなり、熱を逃しにくくなるので寒さに強くなるのです。つまり**チワワが震える理由のひとつは、体が小さくて寒さに弱いから。**体温をキープするために震えているのではないかと思われます。

しかし考えてみるとチワワと同じくらい小さな犬でもこれほど震えることはありませんし、明らかに寒くないときに震えていることもあります。**チワワは臆病なのでよく震えるのだという説もありますが、チワワは体の割に気が強い**ともいわれ、この説には疑問が残ります。チワワ特有の遺伝ではないかという専門家もいて、結局はっきりしないのです。

体が小さいと寒さに弱くなるんだ。
幼い子犬と一緒だよ

61 小さな巨人

ハッ
ハッ
キャン キャン キャン キャン
これっ！
どうしていつも吠えるのっ
キャン キャン
絶対勝てないのに…
すみません…
キャン キャン

小さく愛らしい姿とは裏腹に、チワワは気の強い子が多いといわれています。人気30犬種を対象としたイギリスの調査では、**「見知らぬ犬への攻撃性が高い犬種」の第3位にランクイン**。実はトップ10中、なんと8犬種が小型犬で、チワワのほかにミニチュア・ダックスフンド、マルチーズなどが並んでいます。一方、攻撃性が低いほうのトップ10にはラブラドール・レトリーバーやマスティフ、シベリアン・ハスキーなどの中～大型犬が並びます。また、「見知らぬ人への攻撃性が高い犬種」トップ10にもやはり小型犬がずらり。これは選択繁殖の結果ではないかと考えられます。

大型犬が攻撃的だと重大な事故につながるため、穏やかな性格の犬を選んで繁殖することが重要です。そのため「体は大きく気が優しい」犬が多くなるのです。一方、小型犬の場合は多少攻撃的でも大型犬ほどの危険性はなく、愛玩犬としての需要が高いため、「かわいいけれど気も強い」遺伝子が残ってきたのでしょう。

小型犬は気が強くても
大型犬ほど問題にならないんだ

62 犬の時計

ハナちゃん何歳でしたっけ？
もう15歳なのすっかりおばあちゃんよ〜
うちは7歳だけどもう老犬だよ
そっか…
大型犬のほうが寿命が短いですもんね…

異種間の場合、**基本的には大きい動物のほうが小さい動物より長生き**します。ゾウは80年以上生きることもありますが、ハツカネズミの寿命は2~3年です。ネズミの心拍数は1分あたり約600拍と速いのに対し、ゾウは約20拍とゆっくり。その分心臓の負担が少なく、これが長生きできるゆえんといわれています。

それなら小型犬より大型犬のほうが長生きしそうなものですが、**ややこしいことに同種間では体が小さいほうが長生き**なのです。理由は、心臓などの器官の大きさは小型犬でも大型犬でもほとんど変わらないため。スペックが変わらないのに大きな体に血液を運ばなくてはならないのは大きな負担で、大型犬は心臓病にもなりやすいといわれます。ちなみにスペックが変わらないのは眼球も同じ。小型犬は顔に対して目の割合が大きく見えますよね。チワワやパグなどの小型犬は眼球の露出面積が大きいため、ドライアイなど目の病気になりやすいのです。

小型犬も大型犬もスペックは同じ。
負担が少ない小型犬は長生きなの

63 おいしい音

ねー、垂れ耳より立ち耳の犬のほうが耳がよく聴こえるの？
んー
どうなのかなあ
むくっ
…
カタ
早っ
地獄耳だけどねぇ
ダーッ

人間は2万ヘルツくらいまでしか聴き取れませんが、犬は5万ヘルツ以上の音も聴き取れることがわかっています。人間が聴き取れない高周波は超音波ですから、犬は超音波まで聴き取れるということ。こうした**聴覚の鋭さに体の大きさや立ち耳・垂れ耳による差はなく**、実験では体重50kgを超えるセント・バーナードも体重3kg以下のチワワも聴力はほぼ同じだったといいます。これも前ページの心臓や眼球と同じで、全犬種のスペックはほとんど変わらないということなのかもしれません。また驚くことに、**ダックスフンドの垂れ耳を持ち上げて実験してみても、聴力に変化は見られなかった**といいます。

犬の耳は本来は立ち耳ですが、品種改良により作出されたのが垂れ耳。ビーグル含め「嗅覚ハウンド」と呼ばれる犬種はみな垂れ耳です。垂れた耳は地面のにおいを嗅ぐときに余計な風をシャットアウトし、よりにおいに集中するのにひと役買っているのだとか。

立ち耳でも垂れ耳でも
聴覚の鋭さは変わらないんだ

64 愛は体格差を超える

多種多様な犬種がいるものの、すべて「イエイヌ」というひとつの種。ですからなかには体格差のあるカップルも誕生します。それにしても、これだけ体格や容姿の違いがありながらどうして犬どうしは相手を同じ犬と見分けられるのか、不思議に思いませんか？　もちろん犬は嗅覚が優れていますから、においで簡単に判別できるのかもしれません。しかしどうやら**犬はにおいを嗅がずとも、視覚だけで犬を見分けられる**らしいのです。

フランスで行われた実験にこういうものがあります。複数の犬に、モニターに映る犬の顔写真に近づいたらご褒美がもらえることを教えます。その後モニターを2つ用意し、片側には犬の顔、もう片側には人間、猫、牛、鳥、爬虫類などさまざまな動物の顔を同時に映します。その結果、ほとんどの犬はちゃんと犬の顔写真のほうに近づいたのです。しかも練習では見せなかった犬種や、横顔の写真などを混ぜても見分けたといいますから、お見事。

体格や容姿がさまざまでも
犬は見ただけで犬とわかるよ

65 飼い主ひとすじ

なでさせて もらえますか？
かわいー
どうぞ
よし よし
キリッ
スッ
もう おしまい
愛想が 悪くて ねー
いえいえ かっこいいです！
忠犬！
コタロウ！ こらこらっ
おじさ〜ん
そっちは ずい分 なつっこいな
ハハハ

柴犬含め、**日本犬は独立心旺盛。飼い主にのみ忠実といわれ、ほかの人には若干よそよそしい傾向が**あります。有名な「忠犬ハチ公」も飼い主ひとすじですが、これには日本犬の歴史が関わっています。

日本犬は猟師とともに人里離れた山奥にすみ、山の動物を狩る猟犬として活躍していました。**昔の猟はその多くが「一銃一狗（いちじゅういっく）」、つまりは猟師の猟犬のマンツーマン**。日本犬が特定の主人だけに忠実なのはこのためだといわれています。日本犬はほかの犬と比べると飼い主さんに甘えたり遊びに誘ったりすることが少ないといいますが、おそらく主人である猟師とも一定の距離を保ったつき合いをしていたのでしょう。

一方、同じ猟犬でも西洋の場合、犬も人も集団で狩りを行うのが普通。大勢の人やほかの犬とうまくコミュニケーションする必要があるため、社交性の高い犬が多いのです。

日本犬は飼い主ひとすじで
他人に懐きにくい傾向があるの

66 我は陸の子

海で遊んだり泳いだりするのが得意な犬もいれば、海に近寄るのも嫌という犬もいます。例えば**ラブラドール・レトリーバーは漁師のサポートで漁網を回収するなどの仕事をしていたため、泳ぎが得意**。足は「水かき足」といって指と指のあいだに小さな水かきのような皮膜(ひまく)があり、泳ぐだけでなく2m以上潜ることもできます。またプードルはもともと鳥猟犬で、湖などに撃ち落とされた鳥を回収するのがお仕事。ポンポンがつながったような独特のカットスタイルは、水中作業をしやすく、かつ胸や関節の毛は残して体温の低下を防ぐという工夫です。

こうした**犬種の特徴はあるものの、最後はやはり個体差**。ラブラドールやプードルのなかにも泳ぎが苦手な犬はいるでしょう。ちなみに昔『マリリンに逢いたい』という邦画がありましたが、これは実話。シロという犬はマリリン(メス犬)に会うために約3㎞の海を何度も泳いで渡ったといいます。すごい泳力と体力ですね。

海が苦手な犬だっている。
初めて見たときはなおさらさ

67 生きてますよ！

いやー最近よく眠れなくてね
こいつのイビキのせいで…
フガフガ
…
…
フガー
グォー
うるせえ…
そうそう、それに無呼吸症候群みたいにイビキが止まるから不安になっちゃう…
シーーン
あ、生きてた
フガッ!!

マズルの短い短頭種は、そもそも闘犬用に作出されたもの。**低い鼻は相手に噛みついたままでも息できるよう、立派な下あごは強く噛みつけるよう改良されたもの**です。現在では闘犬は多くの国で禁止され、短頭種は愛玩犬として親しまれています。ですが、鼻ぺちゃゆえに呼吸器に弱点が。睡眠中のイビキはつきものですが、それだけでなく呼吸困難になりやすかったり、あえぎ呼吸によって体温を下げることが苦手なため熱中症になりやすかったりするのです。

ちなみに27ページで「オス犬は左利き、メス犬は右利きが多い」「利き手と注視しやすい視野は連動している（右利きの犬は右側の視野に注視しやすい）」ことを述べました。しかし実は**短頭種のパグとボクサーは例外で、両利きが多い**のです。これには、短頭種はマズルによって視界が左右に遮られない↓注視しやすい側が作られない↓利き手が作られない、という仮説が立てられています。

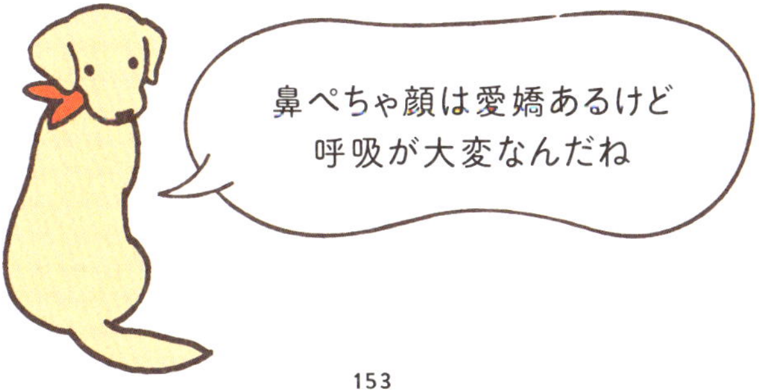

鼻ぺちゃ顔は愛嬌あるけど
呼吸が大変なんだね

68 タンスの肥やし

あら、クーちゃん
服着せて
もらったのね
この子
寒がり
だから…
モコは
嫌がって
着てくれないのよ
じた
ばた
あら～
行っちゃった
LOVE

本来、服は犬にとって必要なものではなく、嫌がってストレスを感じる犬も多いよう。しかし**品種改良によって寒さに弱い犬種も**いますし、抜け毛の飛散を防いだり汚れを防止するために「散歩中は服を着せたほうがよい」という意見もあります。

139ページで述べた通り、小型犬は大型犬より寒がり。また犬の被毛は本来寒さに強いダブルコートですが、品種改良によって下毛がなくなったシングルコートの犬種もいます。**小型犬でシングルコートなのは、マルチーズ、パピヨン、ヨークシャー・テリア、トイ・プードルなど。**こうした犬種は防寒のために服が必要な場合があるでしょう。ほかに、暑さ対策として保冷剤を入れた服を着せたり、首にバンダナを巻いたりすることもあります。

ある調査では、一世帯が犬の洋服にかける費用は、一年間当たり平均1万3千円ほど（2016年調べ）。たとえ着てくれなくても服を選ぶのは飼い主さんの楽しみのひとつなのかもしれません。

寒がりの犬は服が必要なことも。
でもストレスには注意してね

69 助手席争奪戦

乗り物に乗るのが好きか嫌いかは犬によって違いますが、好きな犬は本当に楽しんでいるように見えます。ちょっと危ないですが飼い主さんがこぐ自転車の前カゴに乗っている犬や、バイクのサイドカーに乗っている犬もいますね。乗り物を楽しんでいる様子の犬はそれ以前に旅行やお出かけの経験があり、**「乗り物＝楽しいことが起こる」と結びつけて記憶しているの**でしょう。

また、乗り物での移動は「狩りに行く感覚」を味わっているのだという説もあります。群れのメンバーである飼い主さんと犬で、一丸となって同じ方向に移動しているからです。犬は狩りの際、最大時速60㎞ものスピードで何㎞も走り続けますから、**乗り物での移動中に見える流れる景色は、獲物を追って走っているときと似たような感覚**なのかもしれません。さらに風を感じながらのドライブだと移り変わる外のにおいも味わえて、犬とっては最高のアクティビティーなのでしょう。

飼い主さんと一緒に長距離移動
するのはなぜかワクワクなんだ

70 覚えられません…

こんにちは！
あら、これは…？
あ、この子の名前よ
ウルフリック・ブライアン・ヴォルデモード・ダンブルドア二世っていうの
長い…
長い…

愛犬には唯一無二の名前をつけてあげたいと思うのも飼い主さんの愛情でしょう。しかし長すぎる名前は当の犬が覚えられない可能性大。**犬に教える言葉は「短く、わかりやすく」が鉄則**です。コマンドも「マテ」「No」「Sit」など短くわかりやすいのが基本ですよね。

ちなみに、犬は子音の聞き分けが苦手といわれています。**人間は唇や舌の形を変えることで子音を発しますが、これはそもそも犬にはできないこと**ですし、犬どうしのコミュニケーションで子音を細かく聴き分ける必要もありません。ですから例えば多頭飼いで「ココ」「モコ」と名前をつけたら、犬には両方「オオ」というふうにしか聴こえず、どちらが呼ばれたのかわかりにくいのです。マンガに出て来る犬の名前も、当の犬には「ウウウイック・ウアイアン・オウエオーオ・アンウウオアイエイ」としか聴こえず……これでは人間でも覚えられそうにないですね。

短くてわかりやすい名前でないと覚えられないよ

71 物怖じしません

コタロウ 3カ月のとき
そういえばさ
初めてブリーダー宅に行った日…
みんなかわいい!
だれ? だれ? こわいな
ごはん? ごはん?
!
おきゃくさーん あそぼ あそぼ
こいつは最初からそういうやつだった…

犬にも楽観的なタイプと悲観的なタイプがいるようです。イギリスの大学の実験でこういうものがありました。部屋に犬を1頭ずつ入れ、部屋の端にあるボウルにはエサがあり、反対側の端にあるボウルにはエサがないことを覚えさせます。その後、**どちらともとれない中間の場所にボウルを置いたときに、全速力で走って来た犬（楽観的）と、ちゅうちょした犬（悲観的）がいた**のです。この実験で楽観的と判断された犬は飼い主の留守中に落ち着いてることが多く、悲観的と判断された犬は留守中に不安げな様子を見せることが多いということも確認されました。

ただし、これは悲観的だから悪いということではありません。例えば**盲導犬には慎重さが求められるため、どちらかというと悲観的な犬のほうが向いています**。逆に麻薬の捜査などではガンガン行動する楽観的な犬のほうが向いています。犬の適性を見抜くのに、こうしたテストが有効だということなのです。

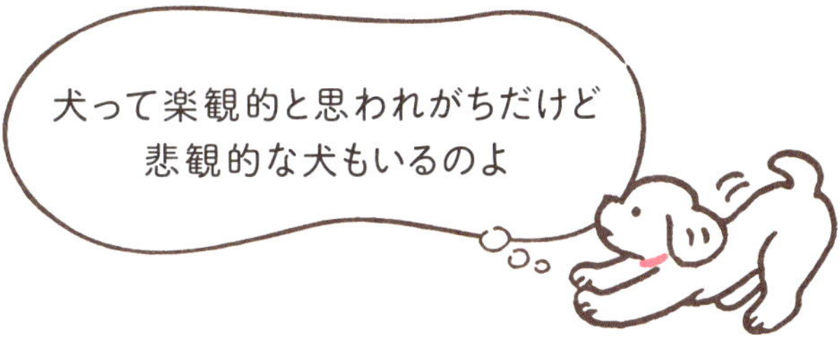

犬って楽観的と思われがちだけど
悲観的な犬もいるのよ

コラムでわかる
犬のからだ 5

想像妊娠

メス犬はまれに偽妊娠を起こすことがあります。発情期に出る黄体ホルモンの影響によるもので、妊娠への強い願望などが原因の人の想像妊娠とは分けて考えられますが、似た状態。タオルなどを集めて巣作りを始めたり、お乳が張ったり実際にお乳が出たり、ぬいぐるみを我が子のように扱ったりなどの行動が見られます。ただしほとんどの場合、時間が経てば普通の状態に戻っていくそうです。

狼の群れでは、リーダーのオスとそのつがいのメスしか繁殖しないといわれます。もしそのメスが何らかの理由で子育てできない状態になった場合、ほかのメスが偽妊娠によってお乳が出る状態になっておけば、その子どもを育てることができます。そのため偽妊娠は、群れの存続のためのシステムではないかという説もあります。

女は大変よね

PART 6

犬ってたまらん

72 うつっちゃった

人から人へあくびがうつる現象は、相手への「共感」が引き起こすのだといわれます。人があくびをしているのを見て「眠そう」と感情移入し、「私も眠いかも」とあくびをしてしまうのです。この現象はチンパンジーなどの霊長類でも起こることがわかっていましたが、近年、人↓犬のあいだでも起こることがわかりました。また、**見知らぬ人のあくびより親しい人のあくびのほうがうつりやすいものですが、犬も同様**だということもわかりました。当然といえば当然ですが、犬は見知らぬ人より飼い主さんにより共感を覚えるのですね。

人と犬との絆を感じさせる科学的データはほかにもあります。飼い犬をなでたり話しかけたりすると人と犬の両方で幸せホルモン・オキシトシンが増えるとか、犬をなでながら一緒に過ごすと双方の心拍数が落ち着き、やがて心拍リズムがシンクロしていくとか。人だけでなく犬も幸せを感じてくれているというのが嬉しいですね。

飼い主さんの気持ちにシンクロ
するからあくびがうつるんだ

73 豹変

コタロウを迎える前
しつけは初めが肝心なんだ
この本によると子犬の社会性は…
それから初めにマスターしておくこととして…
うんうん
柴犬の飼い方
犬のしつけ
しつけなし失敗
コタロウお迎えの日
はい、お待ちしてましたよ〜
コタロウ〜
ブリーダーさん
コタロウた〜ん
パパでちゅよ〜
よろしくねー
で、でちゅ？

母親が赤ちゃんにしゃべりかけるときの独特の話し方を、言語学の専門用語で「マザリーズ」といいます。実はマザリーズは人間の赤ちゃんにとって大変重要。高くて抑揚が大きくてゆっくりした話し声は赤ちゃんの注意を引きやすく、赤ちゃんの感情を育んだり、言葉の発達をうながしたり、親子の信頼関係を深めたりする効果もあるといわれています。

一方で、人間の赤ちゃんと犬の両方を2年以上世話した経験のある女性を対象にした調査では、人間の赤ちゃんと犬の写真を見せたときに脳内の同じ部位が活性化することがわかっています。つまり飼い主さんにとって愛犬は、我が子同然ということ。愛犬にマザリーズを使ってもなんら不思議はありませんよね。

犬も1歳未満の子犬の時期は、マザリーズのような話し方によく反応するという実験結果もあります。子犬には赤ちゃん言葉で話しかけるのが正解、なのかもしれません。

高い声で優しくしゃべってくれると
よく聴き取れてわかりやすいんだ

74 視線

ほしいものを自力で手に入れられないとき、犬は人の目をじっと見つめて「何とかしてくれない？」とアピールします。ある実験では、カギのかかった箱の中におやつを用意。自力では手に入れられないとわかった犬は、そのほとんどが数秒以内に近くの人間にアイコンタクトをとったといいます。

このように**人間に頼る行動は犬ならではのもので、狼には見られません。**別の実験では、ロープを引っぱれば箱の中のソーセージを食べることができるという状況で狼と犬を試したところ、狼は10頭中8頭が成功したのに対し、犬は20頭中19頭が失敗。代わりに犬は、近くにいる人間に頻繁にアイコンタクトをとったそうです。狼は自力で問題を解決しようとしますが、犬は人間に何とかしてもらおうとする気持ちが強いのですね。こう書くと犬が人任せな性格なようですが、これもひとつの知恵。**人と犬が長い歴史のなかでコミュニケーションを培ってきた証拠**なのです。

自力じゃ何とかならないときは
人を頼る。賢いでしょ？

75 こんなところからコンニチハ

真剣な顔をして机に向かっている姿は、犬にとってはある種の緊張状態に見えているのかもしれません。だから飼い主さんを和ませようとして近づいてくるのでしょう。もしくは、飼い主さんがじっとしているので「じゃあくっついてもいいよね」という気持ちなのかも。腕の間に入るのはちょうど〝穴〟っぽい場所なので首を突っ込みたくなるのと、**飼い主さんに密着できる、飼い主さんの脇や顔のそばで存分ににおいを嗅げるというメリットがある**からでしょう。

犬がどれだけ飼い主さんのにおいが好きかを調べた実験があります。犬をMRIに入れた状態で、ガーゼのにおいを嗅がせます。ガーゼにつけたにおいは「飼い主」「知らない人」「同居犬」「知らない犬」「犬自身」の5種類。結果、犬の脳の快感に関連する領域が最も強く活性化したのは、飼い主さんのにおいを嗅いだときだったのです。犬は本当に、飼い主さんが大好きなんですね。

怖い顔で何してるの？ なんだか
ぼくも緊張しちゃうから笑ってね

76 レオンは見ていた

わー
ヒロトパス！
わー
よこせよ
あーあ
イテテ
オレも
さわらせてー
あっ
ヒロトんちのワンちゃん
かわいい
あれっ
スッ

犬の観察力はここまで鋭いのかという驚きの実験結果があります。犬と飼い主のペア54組を対象に行われた京都大学の実験です。まず、犬の前で飼い主が容器からものを取り出そうとします。部屋には別の人物もおり、Aは取り出すのを手伝ってくれる人、Bは手伝いを拒否する人、Cは飼い主に関わらない中立的な人。A、Bと飼い主とのやりとりを犬に見せた後、BとCの人物が犬に同時にエサを見せます。すると、多くの犬はCからエサをもらい、**飼い主さんを手伝ってくれなかったBのエサは選ばなかった**のです。

ほかにはこんな実験も。3人の役者を用意し、寛大な人、冷たい人、物乞いとして性格づけます。寛大な人は物乞いにお金をあげますが、冷たい人は無視するという様子を犬に見せます。その後、犬を自由にすると、犬が触れ合いを求めたのは寛大な人。冷たい人は敬遠されたのです。つまり**犬は、人どうしのやりとりを見ただけで人柄を見抜く力をもっている**のですね。

冷たい人間には近づかない。
人の行動や態度もよく見てるよ

77 鏡 I

飼い主、飼い犬、飼い犬ではない犬の顔写真を第三者に見せると、高確率で飼い犬を当てることができたという実験結果があります。犬と飼い主は本当に似ているのです。なぜかというとそれは、**人は自分に似た犬を選ぶ傾向がある**から。自分の顔はなじみのあるものであり、また髪型などは自分の好みが反映されています。ですから「全然自分に似ていない犬」と「なんとなく自分に似た犬」では、後者を選びやすいのです。カナダの研究者による調査では、ロングヘアーの女性は垂れ耳の犬を、ショートカットの女性は立ち耳の犬を好む傾向があるとか。また、冒頭の実験ではそれぞれの目だけを見せても高確率でペアを当てられたといいますから、**人は何より、自分と似た目をした犬に惹かれるのかも**しれません。

さらに、飼い主と犬は一緒に生活をしていくなかで、ますます似てくるのだそう。例えば肥満の人のペットはやはり肥満が多いとか、常在菌の種類も似てくるというデータまであって驚きです。

無意識のうちに、自分にどことなく似ている犬を選ぶのね

78 鏡Ⅱ

アハハ
あっ こんにちは！
こんにちは〜
ハッ ハッ
それで…
ペちゃくちゃ
あら〜
いつも元気ねぇ〜
ファ〜
ハッ
ハッ
犬と飼い主って性格も似るのかな？
じゃあまた！

ウィーン大学が132組の飼い主と犬を調べた結果、**神経質な飼い主の犬はやはり神経質で、リラックスした飼い主の犬はやはりリラックスしてフレンドリー**な傾向があることがわかりました。犬の性格は、もともともっている先天的な気質に加え、後天的な経験が影響を及ぼします。後天的な経験とは、主に飼い主さんの接し方。いつもリラックスした雰囲気で接せられれば犬も伸び伸びとリラックスし、イライラと神経質に接せられれば犬も神経質になる。考えてみれば当然のことですね。

ちなみに飼い主さんが愛犬の性格を判断する際は、客観的な判断ではなく、「投影」という現象が起こります。投影とは自分の姿や感情を相手のなかに見るもので、**安定した性格の飼い主は自身の犬を安定した性格と見なし、不安定な性格の飼い主は犬を不安定な性格と見なす**のです。後者は犬の問題行動を犬のせいと捉えることも多いそう。犬は自分を映す鏡なのですね。

飼い主さんの性格が犬にも
影響するから似ちゃうんだ

79 シンクロ

165ページで、飼い主さんと犬がそばにいると次第に心拍リズムがシンクロするという現象を紹介しました。同じように、**飼い主さんと犬のあいだでは自然と行動やタイミングがシンクロすることもある**でしょう。

これは自然にシンクロする例ですが、**犬は意図的に飼い主さんを真似することも**あります。もともと子犬は親やきょうだいの行動を模倣して学習する習性があり、それは対象が人でも同じなのです。こんな実験がありました。フェンスを迂回しないとエサが見つけられない状況を作り、1回目は人の模範演技なし、2回目は模範演技ありで犬にエサを探させました。すると、2回目のほうがエサを見つけるまでの時間が大幅に短縮されたのです。また、スライド式ドアを開ける際、飼い主が手を使う模範演技を見せると犬は前足を使い、飼い主が頭を使うと犬も頭を使うことが多かったという実験結果も。犬は飼い主さんの行動を見て学んでいるのですね。

行動がシンクロしちゃうのは
飼い主さんが好きだから!

80 集中！

散歩中、店頭に犬をつないで放置するのはできるだけやめたいもの。**犬はもともと集団行動する動物です。ですからひとりぼっちは苦手。**すみなれた家の中ならまだしも、見知らぬ人や動物がたくさんいる街中で置き去りにされるのはとても不安です。ガラス戸のすぐ向こうに飼い主さんがいたとしても、視力の悪い犬には見分けられませんから、「ドアの向こうに行ってしまったまま」と感じているのです。また、犬が苦手な人はその店に入りづらくなってしまいますし、店頭につながれた犬が心無い人に盗まれる事件も起こりえます。しつけの行き届いた犬ほど見知らぬ人に連れて行かれても鳴かず、盗まれやすいといわれています。

ちなみに、こうした状態の犬をなでることは実はあまりいいことではありません。**不安状態の犬は見知らぬ人から手を出されると防御反応として咬むことが**あり、咬傷事故につながりやすいのです。放っておけない気持ちはわかりますが、ご注意を。

つないだまま行っちゃうのは
不安だからやめてね

81 ぼくが いるよ

犬には共感力がありますが（165ページ参照）、さらに悲しみに同情する能力もあるといわれています。しかも飼い主さんだけではなく**泣いている人なら誰にでも近より、鼻をこすりつけるなどなぐさめるような行動をする**のだそう。このことを明らかにしたのはロンドン大学の研究者たち。実験では突然泣き出す人、突然しゃべり出す人、突然歌い出す人などを用意し、それぞれに対する犬の反応を調べました。すると犬が最も寄って行ったのは泣き出した人で、その率は実に83％。犬は大好きなおやつやおもちゃを放り出してでもそばに行きなぐさめたそうです。犬が人間の最良の友と呼ばれるゆえんは、こういうところなのかもしれません。

「単に異変を感じたから近寄っただけなのでは？」という声もあるかもしれません。ですがMRIを使った実験では、**人の泣き声を聞いたときの人と犬は、同じような脳内処理をしている**ことがわかっています。犬はちゃんと悲しみを理解しているのです。

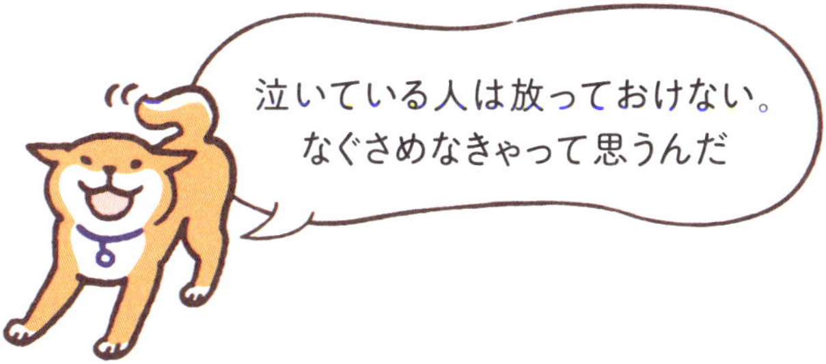

泣いている人は放っておけない。
なぐさめなきゃって思うんだ

82 お見通し

愛犬が、なんと
おぼれた飼い主を
助けました
すごい!
おぼれたふり
してみよう
バシャッ
レオン〜
助けて〜っ
バシャッ
レオン〜
あれ…
助けて
くれないの?

犬が溺れている飼い主を助けたり、車に轢かれそうになった飼い主を身をていして助けたり、暴漢から飼い主を守ったりした話が実際にあちこちで聞かれます。いざというとき、愛犬も自分を助けてくれるだろうか。飼い主さんとしては気になりますよね。

しかし、**飼い主が仮病を使ってわざと倒れる、事故にあったフリをして倒れるなどの実験では、飼い主を助けようとする犬はゼロ**。これに対する仮説として、飼い主が本当に危機的状況になったときに発するある種のにおいを犬は感知しているのではないかといわれています。実際に、糖尿病患者が低血糖になったときに出る汗にはアドレナリンやドーパミンが含まれており、それを感知して知らせる低血糖探知犬もいます。癌探知犬も、癌患者の体内で作られる何らかの化学物質を嗅ぎ分けているといわれます。つまり、**嘘の演技では危機的状況特有のにおいが出ず、犬が「助けなくちゃ!」とは思わない**ということです。

嘘の演技じゃ本気で助けない。
犬の忠誠心を試さないでね

83 名作

ひっく
ひっく
うー…パトラッシュ…
ぼくが死んだらレオンも一緒に死んでくれる？
あのねー
あんただけのレオンじゃないから

死の概念を理解しているのは人間だけといわれます。ですから**飼い主が死んだとしても、犬は「もう会えない」とは考えません。**「もう会えない」と考えないので、忠犬ハチ公のように主人の帰りをずっと待ち続ける犬がいるのです。亡くなった主人を待ち続ける犬のエピソードは海外にも多く、なかには主人の乗った霊柩車を何kmも走って追いかけたり、主人が眠る墓から離れずにずっと守り続ける犬の話も。犬は主人に「置いて行かれてしまった」と感じているのかもしれません。

死の概念がないため、犬は自分が死ぬときも怖いとは感じないでしょう。猫と同様、犬も「死期が近づくと姿を消す」といわれますが、これは具合の悪い犬が静かなところで休もうと家を離れ、そのまま亡くなってしまうだけのこと。犬が死に対して恐怖を感じないのは、飼い主にとっては救いかもしれませんね。犬にとっては自分の死よりも、飼い主との別れのほうがつらいことでしょう。

「死ぬ」って何のこと？
ずっと一緒にいられるわよね

84 人違い

それでも
ハチは
待ち続けた
ハチ公物語
そういえば
コタロウ…
南口
こないだ駅で
カズオを
待ってたとき、
まちがって別の人に
飛びつこうとしてたな
後姿は
そっくり
おかえり〜
ハチ公
とは
出来が
ちがうか…

「犬は恩を忘れない」といいますが、長い期間会っていなかった飼い主さんと再会したとき、犬はちゃんと覚えているものでしょうか。

これについてはかの有名なダーウィンの実験記録が残っています。飼い犬にわざと5年間会わず犬の記憶力を試したところ、犬はちゃんとダーウィンを覚えていて、すぐに後をついてきたのだそう。またアイルランドで行われた実験では、生後8～12週齢の子犬を母犬から引き離し2歳になったときに再会させたところ、母犬と子犬はお互いの存在を認識できたといいます。**ささいな出来事などは短時間で忘れてしまう犬も、飼い主さんや母犬など重要な存在は長期間覚えていられる**のですね。

73ページで、犬は30分飼い主と離れていただけで再会時に喜びを感じると紹介しました。最長4時間まで離されたこの実験、実は**離れていた時間が長いほど喜びも大きかった**といいます。数年間のブランクを経て再会できた犬の喜びは、いかほどでしょうか。

大好きな飼い主さんのことは
ずっと覚えていられるよ

85 幸せのにおい

愛犬のにおいを嗅ぐと落ち着くという飼い主さんは多いのではないでしょうか。**特に肉球はちょっと香ばしいようなにおいがして、「ポップコーンのにおい」「アーモンドのにおい」などとたとえる人も**います。犬のにおいは全身にある分泌腺から出る分泌物と、皮膚の常在菌が混ざり合って作られています。犬がひなたぼっこをするとこれらが太陽熱で一部殺菌されて揮発し、香ばしいようなにおいになるのでしょう。

ちなみに、飼い主さんが愛犬のにおいを嗅ぎ分けられるかどうかを試した実験があります。実験前1か月は犬を洗わず、三夜連続で愛犬がその上に寝た毛布を用意。飼い主は目隠しした状態で愛犬の毛布と別の犬の毛布を嗅ぎ、どちらが愛犬のものか当てるという実験です。人間は犬ほど嗅覚が優れていませんから結果もふるわないのではと思いきや、**なんと正解率は驚異の88%！** 人間もなかなかのものですね。これも犬への愛ゆえでしょうか。

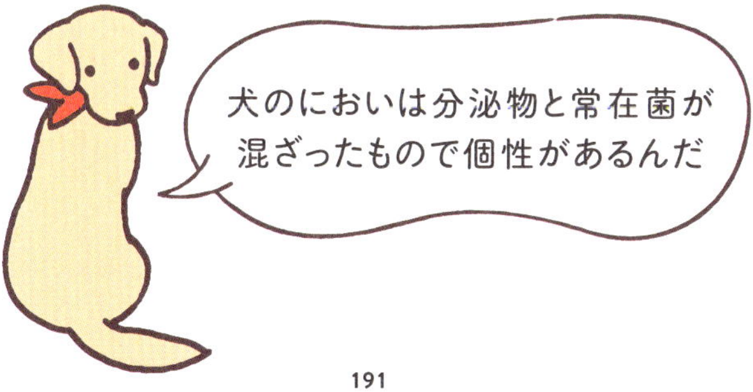

犬のにおいは分泌物と常在菌が
混ざったもので個性があるんだ

マンガ・イラスト　影山直美（かげやま　なおみ）
イラストレーター。愛犬との日々を題材にした作品が人気。主な著作に『柴犬さんのツボ』シリーズ（辰巳出版）、『うちのコ 柴犬』シリーズ（KADOKAWA）、『柴犬ゴンはおじいちゃん』『柴犬ゴンとテツ お別れのとき』（KADOKAWA）、『愛犬と一緒に幸せになる風水入門』（講談社）など。現在の愛犬は柴犬のテツ、こま。

監修　今泉忠明（いまいずみ　ただあき）
哺乳動物学者。日本動物科学研究所所長。東京水産大学（現・東京海洋大学）卒業後、国立科学博物館で哺乳類の分類学・生態学を学ぶ。『イヌのクイズ図鑑』『犬検定公式ガイドブック』（学研）、『誰も知らない動物の見かた〜動物行動学入門』（ナツメ社）、『オオカミたちの本当の生活』（エクスナレッジ）など著書・監修書多数。以前の愛犬はシェットランド・シープドッグのアフロ。

企画・編集・執筆　富田園子（とみた　そのこ）
ペットの雑誌、書籍を多く手掛けるライター、編集者。日本動物科学研究所会員。担当した本に『フレブル式生活のオキテ』『シュナ式生活のオキテ』（誠文堂新光社）、『マンガでわかる猫のきもち』（大泉書店）など。以前の愛犬はパグのロン。

STAFF
カバー・本文デザイン　IVNO design
DTP　ZEST

マンガでわかる 犬のきもち

2018年2月26日　第5刷発行

発行者　佐藤龍夫
発行所　株式会社大泉書店
〒162-0805　東京都新宿区矢来町27
電話　03-3260-4001（代表）
FAX　03-3260-4074
振替　00140-7-1742
URL　http://www.oizumishoten.co.jp/
印刷・製本　大日本印刷株式会社

ISBN978-4-278-03940-5　C0076